科普人才培养丛书

庞晓东 王 挺 郑永和 主编

科普资源的
开发与传播

主 编 周忠和
副主编 陈 玲 李红林

科学出版社

北 京

内 容 简 介

本书从科技迅速发展背景下科普资源不断革新形式与内容的领域需求出发，明确科普资源的相关概念、现状及问题，从科普文本资源、科普图像和影音资源、科普展品资源、科普数字资源、大科学装置的科普资源等方面，结合经典案例呈现类型完整、内容前沿的科普资源，包括数字化、人工智能支持的新型科普资源。此外，本书还论述了科普资源整合与管理、传播与推广的方式方法。本书是一本指向科普资源开发与传播实践的书籍，对于应对智能时代技术发展对科普资源的挑战具有一定指导作用。

本书可供从事和爱好科普工作的科技工作者、教育工作者及科普相关专业学生等使用。

图书在版编目（CIP）数据

科普资源的开发与传播 / 周忠和主编. — 北京：科学出版社，2025. 7.
ISBN 978-7-03-082200-0

Ⅰ. N4

中国国家版本馆 CIP 数据核字第 2025MC2148 号

责任编辑：张　莉　高雅琪 / 责任校对：何艳萍
责任印制：师艳茹 / 封面设计：有道文化

科学出版社 出版
北京东黄城根北街 16 号
邮政编码：100717
http://www.sciencep.com

北京九州迅驰传媒文化有限公司印刷
科学出版社发行　各地新华书店经销
*
2025 年 7 月第 一 版　开本：720×1000　1/16
2025 年 7 月第一次印刷　印张：16
字数：287 000
定价：98.00 元
（如有印装质量问题，我社负责调换）

本书编委会

主　　编：周忠和

副 主 编：陈　玲　李红林

编　　委（按姓氏拼音排序）：

白　欣　褚建勋　贾鹤鹏　王大鹏

杨虚杰　尹传红　郑永春

撰 稿 人（按姓氏拼音排序）：

白　欣　白云翔　陈　玲　褚建勋

崔亚娟　黄荣丽　贾鹤鹏　金梦瑶

马茜茜　沈　丹　盛梦洁　宋元元

王大鹏　张志会　郑永春　周荣庭

周文辉

学术秘书（按姓氏拼音排序）：

马茜茜　沈　丹

总　　序

　　科学技术普及（简称科普）是国家和社会普及科学技术知识、倡导科学方法、传播科学思想、弘扬科学精神的活动。科普伴随着科学技术的传播而产生，并随着不断适应时代进步的要求而发展。中华文明作为世界四大古文明之一，自诞生以来，就以其独特而持续的发展轨迹熠熠生辉。中华文明涵盖了中国传统科技文明，这体现在中华民族与自然互动的过程中，形成了一套独特的认知自然和变革自然的技术体系。中华民族还开创了传播自然知识和扩散技术的路径，造纸术、指南针、火药、印刷术就是其中的杰出代表，这些不仅为中国人民带来了福祉，更传遍了世界各地，成为全人类共享的宝贵财富。然而，近代西方现代科学技术最初传入中国时，曾被视为"奇技淫巧"而未受到足够重视，致使中国错失了把握工业革命、工业文明带来的先进生产力的良机，错失了通过科技实现自强自立的历史机遇。

　　在认识理解科学技术的作用后，近代中国涌现出无数仁人志士，不断探索强国振兴之道。五四运动高举"民主"和"科学"两大旗帜，积极传播科学精神，推动科学启蒙和思想解放。新民主主义革命时期，中国共产党秉持着科普为民的理念情怀，致力于扫除文盲，大力推广医药卫生、军事、农业及工业等领域的科普活动，以提升根据地军民的科学素质，提高生产力水平。中华人民共和国成立之际，将"普及科学知识"作为基本国策写入《中国人民政治协商会议共同纲领》，并在文化部下设专门的科普行政机构——科学普及局；1950 年 8 月，又成立中华全国科学技术普及协会（简称"全国科普"），以积极开展广泛而深入的群众性科学普及活动。1978 年，党中央召开了具有深远历史意义的全国科学大会，中华大地迎来了"科学的春天"，也迎来了"科普的春天"。《中华人民共和国宪法》规定"国家发展自然科学和社会科学事业，普及科学和技术知识，奖励科学研究成果和技术发明创造"。科普工作在激发群众的创造活力、树立新风、破除迷信、提高全民族的科学文化素质、推动经济社会全面发展和持续进步等方面发挥了积极作用。

进入 21 世纪以来，在党和国家的重视与推动下，我国科普事业呈现新的发展态势。2002 年颁布《中华人民共和国科学技术普及法》（简称《科普法》），不仅在我国科普事业发展史上树立了一座丰碑，更是全球范围内首部专门的科普法律，为科普工作走上法治化轨道开创了世界先河。2006 年国务院颁布实施《全民科学素质行动计划纲要（2006—2010—2020 年）》，是我国首次以国家战略高度系统规划公民科学素质建设的纲领性文件，其颁布实施对科普事业的建制化、体系化发展具有里程碑意义。

党的十八大以来，中国特色社会主义进入新时代。习近平总书记创造性地提出"科技创新、科学普及是实现创新发展的两翼，要把科学普及放在与科技创新同等重要的位置"①的重要论断，为新时代科普工作指明了方向，提供了根本遵循。

"两翼理论"②以长远的战略眼光完善了当今中国创新发展的基本逻辑，提出了突破传统理论框架的创新发展观。它创造性地把科普作为创新发展的"一翼"，进一步强调中国的科技发展以人民为中心，现代化进程需要更高的公民科学素质、更崇尚创新的社会氛围、更高水平的科技文明程度。科普以促进知识扩散、提高公众科学素质、营造文化氛围的方式，推动创新发展不断向前迈进。

在"两翼理论"引领下，我国科普事业取得了前所未有的历史性成就，谱写了壮丽的史诗篇章。2022 年中共中央办公厅、国务院办公厅印发《关于新时代进一步加强科学技术普及工作的意见》，2024 年新修订的《科普法》颁布实施。通过"一法、一纲要、一意见"③的颁布实施，我国构建了科普事业的顶层设计规划。截至 2022 年底，全国共有 29 个省（自治区、直辖市）据此制定了科普条例或科普法的实施办法。同时，相关部委、行业也出台了一系列科普法规和制度，已经形成了从中央到地方、从专业机构到职能部门的较为完善的科普政策法

---

① 习近平. 为建设世界科技强国而奋斗——在全国科技创新大会、两院院士大会、中国科协第九次全国代表大会上的讲话. 北京：人民出版社，2016.

② 全国政协科普课题组. 2021. 深刻认识习近平总书记关于科技创新与科学普及"两翼理论"的重大意义 建议实施"大科普战略"的研究报告（系列一）. http://www.cppcc.gov.cn/zxww/2021/12/15/ARTI1639547625864246.shtml[2023-11-12].

③ "一法、一纲要、一意见"指《中华人民共和国科学技术普及法》《全民科学素质行动计划纲要（2006—2010—2020 年）》及随后的《全民科学素质行动规划纲要（2021—2035 年）》《关于新时代进一步加强科学技术普及工作的意见》。

规体系，为我国科普工作和公众科学素质建设提供了政策法规保障，使其成为一项系统性的国家工程。

在政策法规的有力保障下，我国的科普工作体系逐步建立健全，自中央部门到地方基层形成了全覆盖的社会动员网络。政府、社会、市场等协同配合，构建了社会化科普发展格局，在各级财政预算中设有专门的科普经费，积极引导社会资金和社会资源投入科普事业。科学教育与培训体系持续完善，科学教育纳入基础教育；大众传媒的科技传播能力大幅提高，科普信息化水平显著提升；科普基础设施迅速发展，现代科技馆体系初步建成；科普人才队伍不断壮大；科普监测评估体系不断完善，定期开展全国科普统计和公民科学素质调查；科学素质国际交流实现新突破。经过长期不懈努力，我国公民具备科学素质的比例从 2001 年的 1.44%提升到 2024 年的 15.37%[①]，为中国创造经济社会发展奇迹提供了坚实支撑。

当前，世界之变、时代之变、历史之变正以前所未有的方式展开。世界百年未有之大变局正在加速演进，国际科技竞争更加激烈，大国战略博弈日趋白热化。在党的坚强领导下，广大人民群众团结一心，全力推进强国建设和民族复兴。实现这一宏伟目标，需要大力加强国家科普能力建设，充分发挥科普服务创新功能，提升国家创新体系整体效能，推动形成全社会理解、支持和参与创新的良好社会氛围，孕育科技创新突破潜能，确保以科技现代化支撑中国式现代化行稳致远。

人才是第一资源。为推动新时代科普工作高质量发展，指导和服务高等学校、科研院所、科普场馆、媒体等各类机构加强对高层次科普专业人才的培养和科普专兼职人员的能力培训，促进培育专兼结合、素质优良、覆盖广泛的科普工作队伍，中国科普研究所联合北京师范大学共同启动"科普人才培养丛书"编写工作，邀请全国高层次科普专门人才培养试点高校教师和一线科普专家共同参与，总结科普理论和实践经验，探索科普创新发展的方向和路径，为科普人才培养课程建设和科普人员继续教育提供参考。

"科普人才培养丛书"由庞晓东、王挺、郑永和担任主编，首批包括《新时代中国科普理论与实践》《科普活动探究》《科普资源的开发与传播》《科普研究导论》《科学课程标准与教材研究》5 个分册。其中，《新时代中国科普理

[①]　国家统计局. 中华人民共和国 2024 年国民经济和社会发展统计公报. https://www.stats.gov.cn/sj/zxfb/202502/t20250228_1958817.html[2025-04-19].

论与实践》由王挺、任定成担任主编，郑念、谢小军担任副主编，全面总结了新时代科普工作的主要成就，深入探讨了中国科普事业的历史演进、当下现状、行动纲要及未来发展趋势，该册已由中国科学技术出版社出版。《科普活动探究》由王小明担任主编，傅骞、胡富梅担任副主编，跨越传统学科界限，从深度学习的视角出发，以参与者为主体设计具有亲和力、沉浸式和场景化的科普活动，在案例梳理和研究的基础上，提出了适应不同认知水平和规模的科普活动实施流程与评价原则。《科普资源的开发与传播》由周忠和担任主编，陈玲、李红林担任副主编，系统阐述了科普资源的概念、分类、发展脉络及应用场景，深入分析了科普资源开发与传播的现状与问题，并探讨了有效的推广策略与效果评估。《科普研究导论》由郑念、张利洁担任主编，颜燕担任副主编，阐述科普研究的内涵，系统梳理科普研究的理论、方法、内容以及研究与写作过程，揭示科普研究的内在规律与独特研究特点。《科学课程标准与教材研究》由王晶莹、杨洋担任主编，与当前科学教育的情况与趋势保持高度一致，突出了科学课程标准与教材在科学教育中的作用，为科学教育工作者提供了严谨的课程标准与教材分析工具。

衷心希望"科普人才培养丛书"的研发及出版能够为科普工作的高质量发展，为全民科学素质的提升，为加快实现高水平科技自立自强，为建设科技强国作出积极贡献。

"科普人才培养丛书"编写组

2025 年 5 月

前　言

党的二十大报告强调，要"加强国家科普能力建设""加快建设教育强国、科技强国、人才强国""加快建设世界重要人才中心和创新高地"。科普人才是创新型国家建设的基石，国家科普能力建设需要高素质科普人才作支撑。科普人才培养需要体系化知识载体设计，以适应科普培训、专业设置、职称评审等一系列相关人才培育工作的需要。目前科普人才培养还缺乏高质量体系化的知识载体设计，这是科普专门人才培养薄弱、培训体系缺失的直接反映。本书从科技迅速发展背景下科普资源不断革新形式与内容的领域需求出发，明确科普资源的相关概念、现状及问题，从科普文本资源、科普图像和影音资源、科普展品资源、科普数字资源、大科学装置的科普资源等方面，结合经典案例呈现类型完整、内容前沿的科普资源，包括数字化、人工智能支持的新型科普资源。此外，本书还论述了科普资源整合与管理、传播与推广的方式方法。本书是一本指向科普资源开发与传播实践的书籍，对于应对智能时代技术发展对科普资源的挑战具有一定指导作用。

本书由周忠和担任主编，陈玲、李红林担任副主编。第一章由陈玲、马茜茜撰写，第二章由贾鹤鹏撰写，第三章由王大鹏、宋元元、崔亚娟、周文辉撰写，第四章由白欣撰写，第五章由黄荣丽、盛梦洁、周荣庭撰写，第六章由郑永春、白云翔、张志会撰写，第七章由陈玲、金梦瑶、沈丹撰写，第八章由褚建勋撰写。

由于作者学识所限，书中难免有不足之处，敬请专家、学者、同行和读者批评指正，共同推动我国科普事业的高质量发展。

作　者

2025 年 5 月

目　　录

第一章

科普资源概述

要点提示

　　本章主要阐明科普资源的概念和分类，明确本书所指的科普资源聚焦于科普的内容和信息及承载这些信息的载体，并对我国科普资源现状及应用场景进行总结和分析。从科普资源开发与传播两个角度展开对现状和问题的分析，在明确科普资源开发与传播两个概念的基础上，对当前全国各类科普资源的现状进行数据呈现，论述科普资源的开发策略。此外，从多角度分析科普资源传播的渠道与方法，以及在新技术环境下传播的三个转变。最后，对国内外科普资源现状进行简要对比，对我国科普资源开发与传播面临的问题和挑战进行分析总结。

学习目标

1. 掌握科普资源的概念和分类。
2. 了解科普资源的生产者与受众情况。
3. 了解科普资源的主要应用场景。
4. 了解科普资源开发与传播的基本概念。
5. 了解科普资源开发的策略。
6. 了解科普资源传播的渠道与方法。
7. 了解我国科普资源开发与传播面临的问题和挑战。

　　党的十八大以来，习近平总书记多次对科普工作作出重要指示批示，2016 年在全国科技创新大会、中国科学院第十八次院士大会和中国工程院第十三次院士大会、中国科协第九次全国代表大会上强调，"科技创新、科学普及是实现创新发展的两翼，要把科学普及放在与科技创新同等重要的位置"（习近平，2016）；2020年在科学家座谈会上强调"对科学兴趣的引导和培养要从娃娃抓起"（习近平，2020）；2021 年在中国科学院第二十次院士大会、中国工程院第十五次院士大会、中国科协第十次全国代表大会上强调，"形成崇尚科学的风尚，让更多的青少年心怀科学梦想、树立创新志向"（习近平，2021）；2023 年 7 月，在给"科学与中国"院士专家代表的回信中再次强调，"科学普及是实现创新发展的重要基础性工作"（新华社，2023）；2024 年 6 月，在全国科技大会、国家科学技术奖励大会、两院院士大会上的讲话中指出，"要持续营造尊重劳动、尊重知识、尊重人才、尊重创造的社会氛围，大力弘扬科学家精神，激励广大科研人员志存高远、爱国奉献、矢志创新。要加强科研诚信和作风学风建设，推动形成风清气正的科研生态"（习近平，2024）。2024 年 7 月，党的二十届三中全会指出要"优化重大科技创新组织机制，统筹强化关键核心技术攻关""加强国家战略科技力量建设""深化科技成果转化机制改革"（新华社，2024）。

作为一项社会基础工程，科普以鲜明的时代性和广泛的社会性，通过加速新知识流动和新观念传播来促进知识更新与启迪思维，激发创新主体的创意创造。科普致力于构建崇尚科学、追求创新的科学文化，为科技创新提供必不可少的环境生态。在新一轮科技革命和产业变革突飞猛进、科学技术和经济社会发展加速渗透融合的今天，科普的创新功能日益凸显。

通过充分挖掘和开发优质科普资源，进一步将科学普及贯穿到科技创新、经济社会发展的全过程和各环节，可以有效强化政府、学校、科研机构、企业、媒体等主体的科普责任，对于构建政府、社会、市场等协同推进的社会化科普发展格局、推进科普工作向纵深发展、完善科技创新与科学普及融合互动的现代化创新治理体系具有重要的推动作用。

本章主要阐明科普资源的概念和分类，对我国科普资源的现状及未来发展趋势进行总结和研判。在梳理科普资源开发与传播现状的基础上，总结面临的问题与挑战，并提出相应的对策。

第一节　科普资源的概念

一、科普资源的内涵

科普，又称科学普及、科学技术普及，在 2002 年颁布的《科普法》中被表述为国家和社会采取公众易于接触、理解、接受、参与的方式，普及科学技术知识、倡导科学方法、传播科学思想、弘扬科学精神的活动。2022 年，中共中央办公厅、国务院办公厅印发《关于新时代进一步加强科学技术普及工作的意见》，强调树立大科普理念，从整体上为新时代谋划科普高质量发展明确了路径。大科普强化党委和政府、科协、学校和科研机构、企业、媒体等各主体的科普责任，强调协同联动和资源共享，构建政府、社会、市场等协同推进的社会化科普发展格局，把科普贯穿到经济社会发展全过程各环节。2024 年，《中华人民共和国科学技术普及法（修订草案）》首次提请全国人大常委会会议审议。《科普法》的首次修订明确了科普在新时代的定位，将科普工作放在与科技创新同等重要的位置，从法律层面明确科普是国家创新体系的重要组成部分，强化科学普及与科技创新"两翼"齐飞的制度安排，推动科普与科技创新紧密协同、统筹部署，推动科普工作全面融入经济、政治、文化、社会、生态文明建设。《中华人民共和国科学技术普及法（修订草案）》新增了"科普活动"专章，明确提出要促进支持科普活动，提出国家要鼓励创作高质量科普作品，提升科普原创能力；新增了"科普人员"专章，强调加强科普人员队伍建设。《中华人民共和国科学技术普及法（修订草案）》还进一步强化了保障措施，提出要完善科普场馆和科普基地建设布局，扩大科普设施覆盖面。国家依法对科普事业实行税收优惠，鼓励和引导社会资金投入科普事业，鼓励社会力量设置科普奖项等。

（一）科普的内涵

随着社会的发展和时代的进步，今天科普的内涵和结构已经发生了很大的变化。目前，科普的称谓尤其多，如我国就有科学知识普及、科学普及、科技普及、科学和技术知识普及、科学和技术普及、科学传播、科技传播、科学大众化等多种概念和称谓，而且这些概念和称谓还存在很大的差异。这说明人们对于科普的内涵、结构的理解和认识也不尽一致。目前科普定义有教育学定义、传播学定义、科学学定义、词义定义、法律定义等几个不同的流派，其中颇具代表性的有传播学定义和科学学定义。

（1）传播学定义。这种流派对科普的定义倚重于传播学，认为科普活动是一种促进科技传播的行为，它的受传者是广大公众，它的传播内容有三个层次，包括科学知识和实用技术、科学方法和过程、科学思想和观念。科普活动要通过大众传播，从而达到提升公民科学素质的目的。这是基于传播学原理的科普，是建立在现代科学技术发展基础之上、依靠大众传媒进行科普的理念，把科普认定为以提升公民科学素质为目的的科技传播活动。这种科普以受众为中心，传播者和受众是平等互动的。在现代社会中，建立在现代印刷、电子出版、影视声像、网络、多媒体等基础之上的科普传播手段，具有传播距离远、传播速度快、知识信息容量大、保真性强、可信度高、中间环节少等特点，可以充分满足科普大众化、公平性、平等性、低成本、高效益、自然风险小等要求，因而大众媒体已成为公众获得科技知识信息的主要渠道，对公众的影响也越来越大。这种基于传播学理论的科普正受到世界各国的普遍重视和推崇。

（2）科学学定义。这种流派对科普的定义倚重于科学学，认为科普就是把人类研究开发的科学知识、科学方法，以及根植于其中的科学思想、科学精神，通过多种方法、多种途径传播到社会的方方面面，使之为公众所理解，用以开发智力、提高素质、培养人才、发展生产力，并使公众有能力参与科技政策的决策活动，促进社会的物质文明和精神文明发展。这是基于科学学原理的科普，将科普认定为科学在发展过程中、在社会化过程中必然发生的社会现象，产生于科学活动向社会延伸的阶段之内，产生于科学的理论和成果向社会生产力与文化潜力转化的过程之中，是整个科学活动的重要组成部分，其基本职能之一就是把科学转化为生产力。

从现有的这些具有代表性的定义来看，它们都认为科普的对象是公众，科普的内容是科学知识、科学方法、科学思想和科学精神。科普的含义大致相同，只是对科普理解的倚重角度和基本理念不同。

在新发展阶段，有学者提出从历史和发展的角度看科普的内涵与外延。进入新时代，科普的内涵更加丰富，发挥着创新发展"两翼"的功能，在国家发展的总体布局中有不可替代的作用（高宏斌和周丽娟，2021）。新时代科普内涵至少包含以下 6 个属性，即强调科普价值引领作用的价值观属性、推动科普产业发展的服务经济发展属性、着力提升全民科学文化素质的服务社会发展属性、创新文化建设的文化属性、普及社会主义生态文明观的生态文明属性、强化国际交流合作的国际化属性。根据新时代科普内涵的不断丰富，科普外延拓展也要体现政治、经济、社会、文化、生态文明、国际化六个方面的价值要求。

由此可见，在科普的发展过程中，科普的内涵和外延都会发生变化，把科普作为一个系统过程来认识，比较符合辩证唯物主义观点和科普的实际状况。也就是说，科普就其主要方面而言是人类科学活动的一部分，属于文化范畴。科普又是一项复杂的社会活动，科普的社会化过程表现为科学技术的扩散和转移，进而实现形态的变化。科普是一个多因素、多层次的整体系统，并从属于社会经济环境（社会环境、经济环境、自然环境等）大系统，而且这些因素之间、因素与系统之间、系统之间是相互联系、相互作用的。把科普作为一个系统，一个以公众为中心、有明确目的的系统过程，一个社会经济环境大系统的子系统来考察定义，比较符合当前国际科普发展的特征和趋势。由此，科普可以被定义为：为满足经济社会的全面、协调、可持续发展，以及个人全面发展的需要，在一定的文化背景下，国家和社会把人类在认识自然和社会实践中产生的科学知识、科学方法、科学思想和科学精神，采取公众易于理解、接受、参与的方式向社会公众传播，为公众所理解和掌握，并内化和参与公众知识的构建，不断提高公众科学文化素质的系统过程。

（二）科普资源的界定

和"科普"的概念一样，随着科学技术的发展，科普资源的内容和形式都在不断变化，因此目前对科普资源还没有统一的概念。以下是一些学者对于科普资源的定义。

华沙（2018）从科普的角度和资源的角度综合将科普资源定义为在社会发展过程中，为了实现向大众普及科学思想和科学精神这一过程而涉及的所有社会资源。

田小平（2003）从基础性和专业性角度将科普资源分为两类，基础性科普资源是为发展科普事业、开展科普活动提供基础性支持的人才、条件和信息；专业性科普资源是以科普工作为主业的科普机构、专业科普人员、专项科普设施和科普信息服务。

尹霖和张平淡（2007）认为，"科普资源是科普社会实践和科普事业发展中所需要的一切有用物质"。具体来说，是指科普活动、实践过程中所需要的如人力、资金、活动等资源，包含科普项目或活动中所涉及的媒介和科普内容。

一般来说，我们可以从实践的角度将科普资源理解为"投入科技事业和科普事业发展的人、财、物，以及组织、政策环境等"（敖妮花等，2022），也就是开展科普活动所需要的必要资源。随着信息化网络的发展，现代科技传播逐渐崛起，科普资源经过数字化加工整合形成数字化科普资源，通过互联网为公众提供科普服务。数字化科普资源通常有两种来源：一是通过传统科普资源的转化而来，二是通过开发新的数字科普资源而来。

从广义的角度来看，科普资源包括科普活动中的人、财、物等各种资源。从狭义的角度来看，科普资源指的是科普活动、科普实践过程中所需的各种要素和组合资源，包括科普活动中的基础设施、科普制品等实物。随着我国科学技术的进步和科普事业的发展，科普机构和公众对科普资源的需求日益增加，数字科普资源也被纳入其中。

科普资源包括三个基本要素：内容要素、创作与传播要素、人文要素。总的说来，科普资源是面向公众开展科普活动时传播的内容和信息，以及承载这些信息的载体。

二、谁负责产出科普资源

社会公众对科普资源的需求十分广泛且日益增强，面对庞大的需求，科普资源的产出也趋向多元化，来自各个领域和不同层面的机构与个人都在做科普工作并提供一定的服务。这种多元化有助于丰富科普内容，满足不同受众的需求，并促进科学知识的广泛传播。

科普资源的产出涉及多个主体，如政府、科普机构、高校、科研机构、媒体、企业及个人等。政府通过颁布相关政策、提供资金支持等方式宏观地引导科普资源的开发和发展。科普机构（如科技馆、博物馆、科普中心等）专注于科学的传播和教育，通过科普展览、科普活动等，为公众普及科学知识。这些科普基地和科普场馆是科普资源的主要载体，亦作为科普场地资源，向公众展示实物，进行科学教育和科普宣传。

高校和科研机构不仅从事科学研究，也承担着培养科学人才的重要任务，除了合作开发科普资源以外，主要承担研发科普教材、开设科普课程、推动科普研究和创新的责任。

从个人的角度来说，公众不仅是科普资源的受众，亦是科普资源的提供者。互联网的迅速发展造就了"互联网+"时代的新型科普资源，个人科学爱好者可以通过网络、平台分享他们的科学知识和见解，从文字到视频、短到几页图文、小视频，长到千字公众号、纪录片等，通过大数据推流至公众。传统科普资源亦被数字化后上传到平台（如科普活动资源平台、虚拟科技馆等），加速了科普资源的流动和创新。

三、谁是科普资源的目标受众

科普资源的目标受众涵盖不同年龄、不同领域，概括地说即公众。从提供基础科学知识到推动科学文化的普及，科普资源的形式和内容因受众的需求与背景而异。

儿童和青少年是科普资源的重要受众。早期的科学教育对于培养青少年的科学素质至关重要，科普资源可以作为教育载体，为青少年提供额外的学习材料，通过易于理解和富有趣味性的内容来激发年轻人的科学兴趣。教育工作者也可以利用科普资源来改进教学内容，提高科学教育的质量，培养学生的科学素质。为了更有效地开展科普工作，科普工作者对科普资源有一定的需求。此外，数字化科普资源的性质也使得全球范围内的公众可以共同应对国际性科学问题。

第二节 科普资源的分类与形式

鉴于科普资源的属性、公众对科普资源的需求的差异性，对科普资源进行科学分类十分必要。

我国现行的国家标准采用面分类法的方式，按照内容属性特征将科普资源分为 20 个大类，包括历史文明、天文地理、军事科技、数学、物理、化学、生命科学、医药健康、信息技术等类别。按照资源不同的发布、存储与使用形式，可将科普资源分为实物科普资源和数字科普资源两种类别，其中实物科普资源包括科普展教品、玩具、纪念品、图书、报刊、图片、音像、资源包等，数字科普资源包括文本、视频、游戏、应用程序等。

不同学者亦根据科普资源不同的定义、供应渠道、表现特点、内容和形式、功能和用途等对科普资源做出了不同的分类。《中国科普基础设施发展报告（2009）》将科普资源分为七大类：制度类、投入类、产品类、设施类、活动类、信息类、媒体类。按照科普资源的两个供应渠道——传统组织体系渠道和现代信息技术渠道，可以将科普资源分为传统科普资源和数字化科普资源。数字化科普资源可以在计算机、网络的环境下使用。《数字化科普资源标准研究报告》将数字化科普资源分为媒体素材（文本、图形、音频、视频、动画等）、游戏、大型程序、文献资料、网络课程和其他类型数字化科普资源（"数字化科普资源标准研究"课题组，2017）。

现有的对科普资源的分类方式繁多且没有达成统一。此外，不同的科普资源通常涵盖多个维度和主题，可能涉及多个分类。随着科学技术的发展，科普资源的形态也在不断发生变化，部分旧的分类难以涵盖新的资源形态。

本书遵从国家标准，将科普资源划分为实物科普资源和数字科普资源两大类。实物科普资源是指以实物形式发布、存储和使用的科普资源，包括但不限于科普展教品、科普玩具和纪念品、科普图书、科普报刊、科普挂图、科普图片、科普音像制品等；数字科普资源是指以数字形式发布、存储和使用的科普资源，包括但不限于科普文本、科普视频、科普音频、科普图片、科普游戏、科普应用程序等。

第三节　科普资源的主要应用场景

一、科普资源在科学教育中的应用

科学教育在当今社会中扮演着越来越重要的角色，是启迪心智、培养科学素质的关键途径，科普资源是这一过程中不可或缺的一环。科普资源以实验器材的直观展示、模型的立体呈现、标本的真实触感等多种形式，为科学教育注入鲜活而生动的元素。科普资源蕴藏着自然科学、社会科学等领域的丰富知识，教育工作者可以从中汲取灵感，设计出引人入胜的教学方案，使得教学内容更加丰富多彩。更为重要的是，科普资源的趣味性和互动性极大地激发了学生的学习兴趣，不仅能使学生轻松地掌握知识和技能，更能培养其对科学的热爱和追求。

科普资源在科学教育中的应用场景也是多种多样的。在课堂上，老师可以利用实验器材进行演示实验，让学生见证科学原理的奥妙；在博物馆中，精美的模型和真实的标本成为讲解员的得力助手，帮助学生深入了解自然历史的沧桑巨变；在科普活动中，各种互动式的科普资源更是大放异彩，让参与者在亲身体验中感受科学的魅力。正是这些广泛应用的科普资源，为科学教育的发展注入了强劲的动力。科普资源连接着科学与公众，使得科学知识不再遥不可及。在科普资源的助力下，科学教育得以更加生动、有趣和深入地进行，为培养具备科学素质的新一代奠定了坚实的基础。

科普资源在科学教育中的应用是一种创新而有效的教育方式。它们以直观、生动、有趣的形式展现科学的魅力，激发学生的学习兴趣和求知欲。通过合理地开发和利用科普资源，我们可以为科学教育注入新的活力，推动其不断向前发展。

二、科普资源在科技创新中的推动作用

科普资源在科技创新中占据着举足轻重的地位。它们不仅是科技工作者在追求创新过程中获取灵感的重要渠道，还是推动科技成果转化为实际生产力的有力推手。通过科普资源，科技人员能够及时了解最新的科技动态和前沿成果，有可能激发科技人员的创新思维，并在前人的基础上更进一步，提出新的理论、发明

新的技术。

科普资源还是科技成果与产业的桥梁和纽带。科技创新不仅仅是实验室里的研究，更重要的是将研究成果转化为能够服务社会的实际产品。在这个过程中，科普资源发挥着至关重要的作用。通过科普资源的展示和推广，科技创新成果得以被更多人了解和认可，吸引产业界的关注和投资，使科技成果能够顺利地走出实验室，走向市场，转化为现实生产力，为社会创造财富和价值。

三、科普资源在文化传播中的价值体现

科普资源以科学为内核，以文化为载体，通过各种生动活泼的形式走入公众生活，让人们在享受文化盛宴的同时，领略科学的无穷魅力，有效传播科学文化。

科普资源的价值，不仅仅在于传播知识，更在于它们对公众科学素质的深远影响。科普书籍、科普影片、科普展览等让公众更加了解和热爱科学，更加懂得如何运用科学来服务我们的生活。在这个信息爆炸的时代，我们每天都要面临海量的信息冲击。如何从中筛选出有用的信息，如何运用科学知识分析和解决问题，已经成为我们必备的生活技能。而科普资源，正是帮助我们掌握这些技能的重要工具。

除了对个人的影响外，科普资源在文化交流中也扮演着重要角色。在全球化的大背景下，不同文化之间的交流与融合已经成为不可逆转的趋势，科普资源以独特的科学性和普适性，成为文化交流的强大桥梁。通过科普资源的传播，我们可以更加深入地探讨科学在不同文化中的发展和应用。科学是人类文明的重要组成部分，科普资源则是科学文化传承的重要载体。它们通过记录和保存科学发展的历程与成果，让我们可以更加清晰地了解科学的发展历程和未来趋势。

随着科技的不断发展和进步，科普资源的传播方式和形式将不断创新与丰富。未来，科普资源的应用领域也将不断拓展和深化，它们将不仅仅局限于教育、科技和文化领域，还将广泛应用于经济、社会、环境等各个领域。

第四节　我国科普资源开发与传播的现状

科普能力是向公众提供科普产品和服务的综合实力。党的二十大报告提出"加强国家科普能力建设"（习近平，2022），体现了科普工作在新时代新征程中

的基础性、战略性支撑作用，也体现了科普能力对提高全社会文明程度的重要作用。提升科普能力就要加强科普资源供给、建设高水平科普人才队伍，以及构建高效率传播途径。丰沛的科普资源是科普能力提升的肥沃土壤，科普资源不仅包括科普图书、科普音频/视频作品、科普场馆等硬支撑，还包括支持科技工作者开展科普工作的制度机制等软环境。科普资源的开发与传播有助于促进公众理解科学，特别是对公众科学精神的培养将起到其他资源无法替代的作用。

新时代科普工作应当坚持以习近平新时代中国特色社会主义思想为指导，深入贯彻党的二十大精神，落实习近平总书记关于科普和科学素质建设的重要论述，深入实施全民科学素质提升行动，加强国家科普能力建设，做精科普资源。

一、我国科普资源开发的现状

（一）科普资源开发的概念

科普资源开发是指创作、发掘和利用科普资源，可以是新的科普资源从无到有的创作和制作过程，也可以是已经存在的资源经过改造、改建增加科普功能使其成为科普资源的二次开发过程。科普资源的开发、集成和服务，以及相关运行机制的建立是科普资源建设的核心内容（何丹等，2009）。

（二）全国各类科普资源现状

根据科学技术部发布的2022年度全国科普统计数据（科技部，2024），全国各类科普资源稳步提升，发展态势良好。

1. 以政府投入为主导的全国科普经费稳中有升

2022年全国共筹集科普工作经费191.00亿元，比2021年增长1.02%。其中，各级政府部门拨款154.30亿元，占当年经费筹集额的80.79%。全国人均科普专项经费5.30元，比2021年增加0.59元。科普活动支出79.83亿元，占当年科普经费使用额的42.00%；科普场馆基建支出27.67亿元，占当年科普经费使用额的14.56%；科普展品、设施支出19.65亿元，占当年科普经费使用额的10.34%。

2. 科普场馆等基础设施建设进一步夯实

2022年全国有科技馆和科学技术类博物馆1683个，比2021年增加6个；

展厅面积 622.44 万平方米，比 2021 年增加 0.19%。其中，科技馆 694 个，科学技术类博物馆 989 个。全国范围内城市社区科普（技）专用活动室 4.87 万个，农村科普（技）活动场地 16.69 万个，青少年科技馆站 569 个，科普宣传专用车 1118 辆，流动科技馆站 1330 个，科普宣传专栏 25.96 万个。

3. 结构较为均衡的科普人员队伍持续壮大

2022 年全国共有科普专、兼职人员 199.67 万人，比 2021 年增长 9.26%。其中，科普专职人员 27.39 万人，科普兼职人员 172.28 万人。中级职称及以上或大学本科及以上学历的科普人员达到 122.60 万人，比 2021 年增长 9.91%。女性科普人员 87.97 万人，比 2021 年增长 9.59%。农村科普人员 47.49 万人，比 2021 年增长 5.99%。专、兼职科普讲解与辅导人员 36.72 万人，比 2021 年增长 2.18%。2022 年全国继续大力推进注册科普志愿者队伍建设，规模达到 686.71 万人，比 2021 年增长 41.96%。

4. 线下线上科普传播统筹推进

2022 年全国科普传播通过传统媒体和网络媒体的不同渠道，实现多时段、多地域、多人群的广泛覆盖。电视台播出科普（技）节目总时长 18.81 万小时，广播电台播出科普（技）节目总时长 16.46 万小时，科普期刊发行 8301.82 万册，科普图书发行 1.04 亿册，科技类报纸发行 8384.24 万份，科普网站建设 1788 个，科普类微博建设 1845 个，科普类微信公众号建设 8127 个。

5. 内容和形式不断创新的科普活动触达各类人群

2022 年全国各部门共组织线上线下科普（技）讲座 110.10 万次，吸引 23.19 亿人次参加；举办线上线下科普（技）专题展览 9.70 万次，共有 2.30 亿人次参观；举办线上线下科普（技）竞赛 3.85 万次，共有 3.15 亿人次参加。建设青少年科技兴趣小组 13.55 万个，共有 863.10 万人次参加。青少年科技夏（冬）令营活动共举办 6915 次，共有 158.82 万人次参加。科研机构和大学向社会开放 6457 个，共接待访问 1614.96 万人次。

《国家科普能力发展报告（2023）》显示，从科普作品传播包括的 9 项分指标来看，2021 年，科普图书总册数、科普期刊种类、科技类报纸发行量和科普网站建设数量同比分别下降 13.13%、11.58%、39.94% 和 31.33%，而且科技类报纸发行量的复合增长率为 −9.85%，长期增长势头乏力，仅电视台播出科普（技）节目时长和广播电台播出科普（技）节目时长同比出现增长（王挺，2023）。

（三）科普资源的开发策略

1. 确定目标受众与需求

科普资源的开发，始终围绕着满足广大受众的实际需求展开。要实现这一目标，就必须首先深入了解和分析各类受众群体的真实需求与兴趣所在。这种了解不能是泛泛而谈，而是需要通过系统的调研，细致地剖析年龄、性别、教育背景等因素如何影响人们对科普内容的接受和偏好。不同的受众群体因生活经历、认知水平的差异，对科普资源的需求呈现出多样化的特点。当然，仅仅了解受众的需求还远远不够。在科普资源的开发过程中，我们还需要不断地进行反馈和调整，以确保最终呈现出的内容与受众的实际需求保持高度一致。这需要我们建立起一套有效的反馈机制，及时收集受众的意见和建议，并将其作为改进科普资源的重要依据。我们还需要保持对新技术、新方法的敏感度和开放态度，积极探索将最新的科技成果应用于科普资源的开发中，以提升科普资源的吸引力和影响力。

在这样一个持续迭代、不断优化的过程中，科普资源的开发逐渐从一门艺术转变为一门科学。我们不再凭借主观臆断或者个人喜好来决定科普资源的内容和形式，而是依据严谨的市场调研和受众分析，以及科学的反馈机制来指导我们的开发工作。这样做的结果是，不仅科普资源更加符合受众的实际需求，而且科普资源的传播效果和社会影响力大大提高。

这种转变，对于科普事业的发展来说具有深远的意义。它提升了科普资源的专业性和针对性，使得科普工作能够更加精准地服务于不同受众群体的实际需求。另外，它也促进了科普资源的多样化和创新化发展，为科普事业注入了新的活力和动力。

2. 挖掘优质科普内容

科普资源的开发应始终关注社会热点话题，紧跟时代步伐。公众对于信息的需求是不断变化的，要及时捕捉这些变化，开发相关的科普资源，以满足公众的需求。科普资源的开发应当打破学科界限，整合多学科知识。科学是一个相互联系、相互渗透的整体，不同学科之间有着千丝万缕的联系。要致力于形成综合性、跨学科的科普内容，让读者在阅读中感受科学的广度与深度。在科普资源的呈现方式上，可以采用图文结合、音频/视频等多种形式，让科普内容更加生动有趣、易于理解。或者利用互联网和社交媒体等现代化传播手段，将科普资源推送给更广泛的受众群体，让科学知识在社会中广泛传播。科学是一个不断发展的领域，新的研究成果和发现不断涌现，应该定期更新科普资源的内容，确保其与最新的科学进展保持一致。

通过挖掘优质内容、创新呈现方式和拓展传播渠道等多方面的努力，让科普资源更加丰富多样、更具吸引力，为公众提供一场科学知识的盛宴，让更多的人在科学的海洋中畅游、探索与成长。

3. 创新科普形式与手段

在当今快速发展的信息化时代，科普资源的创新开发显得尤为重要。传统的科普方式已难以满足广大受众日益多样化的需求，探索新的科普形式与手段成为摆在我们面前的重要课题。

多媒体融合为科普形式与手段的创新提供了无限可能。将文字、图片、音频、视频等元素巧妙地结合，可以打造出极富趣味性和互动性的科普资源。多媒体融合的科普方式，一方面能够让科学知识变得更加通俗易懂，另一方面能够提升受众的学习体验感和学习效果。

在多媒体融合的基础上，虚拟现实（virtual reality，VR）技术的引入将为科普领域带来革命性的变革。虚拟现实技术能够为受众提供沉浸式、全景式的科普体验，让人们置身于科学知识的海洋之中。科普工作者通过这种前沿技术，将抽象的科学概念、复杂的科学过程以直观、形象的方式展现出来，使受众能够更深入地理解和掌握科学知识。虚拟现实技术还能够为受众带来全新的学习方式和体验，让他们在轻松愉悦的氛围中感受科学的魅力。

在互联网时代，社交媒体平台为我们提供了便捷高效的传播渠道。通过社交媒体平台，科普工作者将精心打造的科普资源快速传播给广大受众，实现科普资源的广泛共享。这不仅能够让更多人接触到科学知识，还能够促进科学知识的普及和推广，推动科普事业的蓬勃发展。

4. 整合多方资源与合作

政府部门在科普资源的开发中扮演着至关重要的角色。政府的政策导向和资金投入是科普事业发展的强大动力。积极争取政府部门的支持，是推动科普资源开发的首要任务。与政府部门紧密合作，可以获得政策上的指导和资金上的扶持，从而为科普资源的开发提供有力保障。

仅靠政府的力量是远远不够的，企业、社会团体和个人同样是科普资源开发中不可或缺的力量。企业拥有雄厚的资金和技术实力，可以为科普事业提供有力的物质支持和技术保障。社会团体和个人拥有广泛的群众基础和丰富的实践经验，能够为科普资源的开发提供宝贵的意见和建议。鼓励企业、社会团体和个人积极参与科普资源开发，形成多元化的投入机制，是科普资源开发必须努力追求的目标。

在整合国内资源的同时，我们还应放眼全球，加强与国际科普组织的合作与交流。通过引进国外先进的科普理念和技术手段，进一步丰富和拓展科普资源，提升科普工作的水平和质量。国际交流与合作不仅可以带来新的思路和启示，还可以促进科普资源的共享和优化配置，从而推动全球科普事业的共同发展。

二、我国科普资源传播的现状

（一）科普资源传播的概念

科普资源的传播是指文本、图像、展品等科普产品、科普作品和科普信息的传播扩散，是科普资源从创作者抵达大众的必经之路。科普资源传播的目的是使其被公众认识、理解与使用，最大限度地发挥其社会价值。

（二）科普资源传播的渠道与方法

1. 线上线下融合传播

当今信息时代，为了让更多人接触、了解和掌握科学知识，必须寻找高效的传播渠道和方法。线上线下融合传播模式，正是一种极具潜力的策略。

互联网和移动互联网的普及，为线上传播提供了广阔的平台。通过网站、应用程序（application program，APP）、公众号等多种渠道，可以将科普资源迅速、准确地推送给目标群体。这种传播方式的覆盖面极广，几乎可以触达所有网民。线上传播还具有速度快、互动性强的特点，科学知识不再是枯燥无味的文字描述，而是可以通过图片、视频、动画等多种形式生动呈现，从而激发公众的学习兴趣和探索欲望。线上平台还为用户提供了评论、分享、讨论等服务，使得科普传播变得更加具有互动性和有趣。但线上传播也有其局限性。例如，对于某些复杂的科学原理或实验过程，单纯的文字或图片、视频等描述可能难以让公众完全理解；长时间面对电子屏幕也可能导致视觉疲劳、注意力不集中等问题。这就需要线下传播来弥补这些不足。

线下传播主要通过科普讲座、科普展览、实验室开放日活动等形式进行，这些活动可以将科普资源直接呈现给公众，让他们在亲身参与中感受科学的魅力。例如，在科普讲座中，专家可以用通俗易懂的语言解释科学原理，回答观众的疑问；在科普展览中，公众可以近距离观看科学仪器、模型或实物，了解科技的发展历程和应用领域；在实验室开放日，公众甚至可以亲自动手做实验，体验科学探究的乐趣。这些线下活动不仅增强了科普的互动性和体验感，还有助于培养公众对科学的兴趣。

当然，线上线下融合传播模式的优势并非简单的叠加。通过巧妙的策划和设计，可以实现线上线下的有机结合和互补。例如，在科普讲座中，可以利用线上平台进行直播或录播，方便更多人观看和学习；在举办科普展览时，可以同时推出线上虚拟展览，让无法到场的观众也能参与其中；在实验室开放日，可以通过线上平台预约名额、发布活动指南等，提高活动的组织效率和参与度。这种线上线下融合传播模式既扩大了科普资源的覆盖面和影响力，又提升了公众的科学素养和科学认知水平。

2. 社交媒体发挥主要作用

当前，社交媒体以其独特的魅力和广泛的影响力，在科普资源传播中扮演着越来越重要的角色。微博、微信、抖音等社交媒体平台，如同一个个巨大的信息传播网络，将科普的种子播撒到各处。这些社交媒体平台也为科普工作者提供了一个前所未有的广阔舞台。

社交媒体平台的互动性为科普传播注入了新的活力。传统的科普方式往往是单向的，社交媒体则打破了这一界限，让科普工作者与公众之间建立起双向的交流和联系。公众可以通过评论、点赞、转发等方式参与到科普活动中，分享自己的看法和感受，提出自己的问题和疑惑。科普工作者则可以及时了解公众的需求和反馈，对科普内容进行优化和调整，使其更加贴近公众的实际需求。

这种互动传播方式不仅增强了科普的趣味性和实用性，还使得科普资源得以更加精准地触达目标受众。每一条科普信息的传播路径都变得清晰可见，科普工作者可以根据公众的反馈和数据分析，对科普策略进行灵活的调整和优化，从而提高科普工作的效率和效果。

社交媒体平台上的意见领袖也对科普资源的传播起到了重要推动作用。这些意见领袖拥有广泛的关注者和影响力，他们的言论和行为往往能够引领社会风潮。通过与这些意见领袖的合作，科普工作者可以将科普资源推广给更广泛的受众群体，意见领袖则通过参与科普活动，增强了自己的社会责任感，改善了自己的公众形象，实现了自身价值的最大化。

社交媒体在科普资源传播中扮演着举足轻重的角色，既为科普工作者提供了广阔的展示舞台和无限的创作空间，又为公众提供了丰富多彩的科学大餐和便捷高效的学习方式。未来，社交媒体将继续以其独特的魅力和广泛的影响力推动科普事业的发展迈向新的高度。

3. 科普活动需注意持续性

作为科普的重要途径，科普活动不仅是科学与公众之间的桥梁，更是激发大众科学探索热情的引擎。优质的科普活动需要聚集更多的科普资源，吸引更多的科普人才，共同打造一个多元化、互动性的科普平台。在这个平台上，科学家可以与公众面对面交流，分享他们的研究成果和科学思想；青少年可以亲自动手做科学实验，感受科学的乐趣和魅力；广大市民则可以在轻松愉快的氛围中学习到实用的科学知识和技能。

另外，还需要注重科普活动的持续性。一次性的科普活动虽然能够产生一定的短期效果，但要想真正提升公众的科学素质，还应该建立起一套完善的科普活动机制，确保科普工作能够持续、稳定地开展下去。这包括定期举办各类科普活动，建立科普志愿者队伍，加强与学校、社区等基层单位的合作等。

4. 跨界合作与共享共赢

跨界合作，意味着科普资源不再局限于科学领域内部，而是与文化、教育、娱乐等多个领域进行深度融合。这种融合不仅能够拓展科普资源的传播渠道和方式，更能赋予科普全新的内涵和活力。例如，与教育领域合作，可以将科普资源融入课堂教学，让学生在学习科学知识的过程中培养科学思维和探索精神；与娱乐领域合作，可以借助电影、电视剧、综艺节目等受众广泛的媒体形式，将科学知识以更加生动有趣的方式呈现给公众。

共享共赢，则是跨界合作的重要基础。在科普资源的传播过程中，各方通过共享资源、技术和经验，实现优势互补、互利共赢。这种合作模式不仅能够提高科普资源的利用效率，更能够推动各个领域的协同创新和发展。例如，科学家可以与艺术家合作，将科学知识与艺术创作相结合，创作出既具有科学内涵又具有艺术价值的作品；科研机构可以与媒体机构合作，共同打造科普节目或栏目，将科学知识以更加通俗易懂的方式传递给公众。

跨界合作与共享共赢的理念和实践，为科普资源的传播注入了新的活力和动力，不仅拓展了科普的传播渠道和方式，更提升了科普的社会影响力和价值。要实现跨界合作与共享共赢，并不是一件容易的事情，需要各方具备开放的心态、合作的精神和创新的能力，还需要建立完善的合作机制和保障体系，确保合作的顺利进行和成果的共享。在这个过程中，建立长期稳定的合作机制尤为关键。只有通过持续、稳定的合作，各方才能深入了解彼此的需求和优势，找到合作的切入点和契合点。建立完善的保障体系也是确保跨界合作与共享共赢顺利进行的重要环节，包括提供政策支持、资金扶持、人才培养等方面的保障措施，为合作提供有力的支撑和保障。

（三）当前科普资源传播的三个转变

随着现代科学技术的发展创新，计算机网络已经逐步渗透到人们的生活和工作中，新媒体的发展给传统科学传播形式带来了巨大的冲击。在新媒体形势下，科学传播更具广泛性，其传播的媒介也发生了实质性转变。互联网的出现使得科普资源的传播可以不受时空的限制，并且可以在短时间内实现大量信息的扩散。但与此相对，一些错误信息一旦被传播，短时间内就会造成恶劣的影响。

1. 科普内容选择的转变

传统的科学传播在政府主导下具有很强的宣教色彩，语言表达较公式化，严肃有余而活泼不足。新媒体语境下的科学传播需要在内容定位上更加贴近公众的现实需求，语言风格应当具有个性化、生活化的色彩。第十二次中国公民科学素质抽样调查结果显示，公民对科技发展信息的兴趣高、需求多样，接近九成（88.1%）的公民表示对科技类信息感兴趣。家庭和工作需要、解决具体问题、主动自我提升是我国公民日常想要了解科技信息的主要原因，选择比例分别为23.4%、21.1%和20.4%；对特定科技主题感兴趣的选择比例为17.1%，选择打发时间的比例为12.2%（高宏斌等，2023）。可以看出，更多的与公众自身及生活相关的内容逐步成为科普资源开发与传播的主流内容。

2. 知识生产方式的转变

传统媒体时代，信息的传播者和受众之间有着明确的界限，前者是信息的发布者和把关人，代表官方和权威，后者是普通大众，只能被动接受官方传播的信息，信息的传播通常是单向流动的。虽然有些受众可以通过某些渠道反馈，但也是间接和滞后的。新媒体时代，传受主体之间的界限被打破，人人都是传播者，受众从被动的接收者变成了主动的传播者。除官方主体外，还包括科学爱好者和科普作家等，集结在微博、微信公众号和抖音等自媒体平台。特别是来自民间的受众，通过像"知乎""百度百科"这样的知识分享和问题解答平台，自主创造科学传播的内容，知识生产方式也经历了由专业到协同的变化。

3.传播路径的转变

传统的科学传播是一种"点对面""一对多"的传播过程，科学信息从传播者发出，进而到达普通受众。在这个过程中，普通受众被视为一个整体，信息传播并没有兼顾受众的个性化特征，难以满足受众的信息需求。新媒体语境下的传播路径由过去的"一对多"转变为节点式、裂变式的模式，众多互相联系、互相作用的多线路传播形式交织在一起，所有对信息的接收都不再是单次的行为，每个受众都是一个节点，节点与节点之间是相互联通的，点赞、转发、朋友圈分享使得信息传播的覆盖面扩大，多次信息传播累积，可以实现"病毒"式的传播效果（张婷，2019）。在这个过程中，受众的个性化信息需求同样被兼顾，能够比较好地满足受众的信息需求。

三、国内外科普资源现状对比

在国内外科普领域的发展进程中，科普资源的差异性与特色日渐凸显。在我国，科普资源的丰富性为科普提供了坚实的基础，但在这庞大的资源体系中，科普资源质量参差不齐也成为一个不可忽视的问题。政府的引领作用在科普工作中尤为明显。社会力量的参与度尚显不足，多数情况下，科普工作仍然依赖于政府及相关机构推动。我国的科普在知识传播方面做得相对完善，但在互动性和体验性方面还有待加强。

在国外，科普资源呈现更加多元化的发展态势。在创新和研发的推动下，科普资源整体质量较高。政府、企业、社会组织及个人等各方主体都积极参与到科普工作中，这种广泛的参与不仅丰富了科普资源的内容和形式，还极大地提升了科普工作的效率和效果。另外，国外科普资源在注重知识传播的同时，更加强调互动性和体验性。

第五节　我国科普资源开发与传播面临的问题和挑战

一、我国科普资源开发面临的问题和挑战

（一）人力资源专业化程度不高

科普是一种跨学科、综合性的公共服务，涉及科学、技术、展览、教育、传播、管理、活动开展等多个行业，需要多方面的人力支持。人力资源的专业化程

度，从根本上决定着科普创作和科普展教的质量。目前，我国已有部分院校开设科普相关专业，但是专业人才培养体系还不够成熟，尤其是在科学传播、科普创作和展品设计这三个核心业务领域，缺乏大量专业人才。科普兼职人员中，科学家参与科普创作的比例不高，这就意味着我们需要更多的科学家参与到科普创作中来，用他们的专业知识和技能，为公众提供更高质量的科普内容。同时，科普志愿者的专业知识和技能水平也有待提高。

（二）科普信息和产品资源同质化，原创性低，缺乏开发深度

科普信息和产品资源的同质化问题，已经严重影响了我国科普事业的持续发展，同时也削弱了公众参与科学技术的兴趣和热情。作品抄袭和展品仿制是同质化的外在表现，根本原因在于内容的原创性不足，主要表现在以下几个方面。一是具备专业能力进行高水平科普创作的科学家和科普作家数量有限，他们需要将科学知识与文学艺术等相结合，创作出既有科学性又有艺术性的作品，这是一项极具挑战性的任务；二是有技术能力进行科普产品设计、研发和制作的科普企业少，优秀的科普展品不仅需要科学知识的支撑，还需要艺术审美，以及工业设计、研发、制造等多种技术的支持；三是在信息传播和产品研发的过程中，由于社会参与不足，未能形成联合各行业的专业力量对科普信息和产品资源进行深度开发的产业链条。例如，科普场馆的展览和主题设计，需要结合科学史、科技哲学和最新技术发展趋势的科学传播理念。此外，网络上的某些科技信息虽被大量转载和转发，但是还需要科技专家的审阅与把关，需要公众参与评论，否则受众极易落入碎片化阅读的伪科学陷阱。

总之，科普资源的深度开发需要来自社会多个领域的投入与合作。我们需要更多的科学家、科普作家、科普企业和公众参与到科普事业中来，共同推动科普事业的发展。

（三）科普资源结构不合理

整体上看，我国科普资源的地域分布不够均衡，东部、中部、西部呈现出落差，城乡差异也很大，这与地区经济、科技发展水平存在差距有关。某种程度上，科普的目标正是要扭转这种差距。目前，科普展教和活动领域的专业人才较多，而科普创作领域的专业人才较少。此外，科普信息资源以图书和传统音像制品为主，数字内容（如视频、动漫、游戏、软件等）相对较少。展品所反映的科技内涵也偏向一般性的科技原理和科学知识，而关于最新技术发展、生活方式及科技与社会的关系的内容较少。这种结构的失调限制了科学技术在地域和人群中的传播效果，同时也导致了科普资源的同质化现象，制约了科普资源的开发水平。

二、我国科普资源传播面临的问题和挑战

目前，随着各类信息技术的飞速发展，社会发展已经从"动力驱动"转变为"数字驱动"，数字化已经成为新一轮科技革命和产业变革的重要驱动力。在这个信息爆炸的时代，国家大力推动数字化转型战略，5G、大数据、人工智能（artificial intelligence，AI）、云计算等技术的进步，正在深刻改变着知识传播的方式，科普数字化也逐渐成为科普工作的重要加持。但也应注意到，科普资源传播面临诸多问题和挑战。

（一）缺乏审核机制，科普资源质量参差不齐

随着移动互联网的快速发展，传统媒体在信息传播上的话语权逐渐被日益兴起的自媒体和新媒体打破，科普内容的创作者和发布主体变得多样化，科普创作者鱼龙混杂。在审核监督不到位的情况下，网络平台上科普内容的准确性无法得到保证，错误的内容会产生不良影响。

（二）高质量科普传播专业人才缺乏

随着不断加快的社会数字化进程，我国科普事业的数字化发展也紧随其后。然而，我国当前数字化科普传播存在人才数量少、水平参差不齐，培养模式单一，目标不明确等问题。

（三）科普形式与数字化技术尚未深度融合

虽然当前数字化技术与各行各业在不断融合，但是科普数字化整体程度还比较低。科普工作并未与数字化技术进行深度融合，相关科普活动依旧局限于传统形式，虽然部分活动有新媒体技术的加入，但科普载体和传播手段的数字化水平不高，影响了科普资源传播。

（四）信息化、协同化的科普传播矩阵有待完善

新时代背景下，充分利用数字化技术赋能科普工作，是实现科普高质量发展的必由之路。面对全新的技术环境，科普事业应该牢牢抓住新机遇，迎接新挑战，加快科普工作的数字化建设、开发和利用，构建以政府为主导，社会参与、

市场运营等协同联动的社会化科普体系，使科普传播矩阵呈现信息化、协同化的新局面。

理解·反思·探究

1. 思考科普资源的概念及范围在新发展形势下应该还有哪些拓展面。
2. 从自身实际出发，举例说明身边有哪些科普资源。
3. 结合实际，思考科普资源如何借用新兴技术实现新发展。
4. 思考在新发展形势下科普资源的开发策略还有哪些拓展面。
5. 谈谈在新技术环境下科普资源传播还会面临哪些新的转变。
6. 结合实际，思考如何解决科普资源开发与传播面临的问题。

本章参考文献

敖妮花，龙华东，迟妍玮，等. 2022. 科研机构推动科技资源科普化的思考——以中国科学院"高端科研资源科普化"计划为例. 科普研究，17（3）：100-104.

高宏斌，任磊，李秀菊，等. 2023. 我国公民科学素质的现状与发展对策——基于第十二次中国公民科学素质抽样调查的实证研究. 科普研究，18（3）：5-14，22，109.

高宏斌，周丽娟. 2021. 从历史和发展的角度看科普的概念和内涵. 今日科苑，（8）：27-37.

何丹，何维达，李梅，等. 2009. 北京市科普资源开发与共享现状及对策研究. 中国管理信息化，12（15）：127-129.

华沙. 2018. 民国时期科普资源开发与利用研究. 南京：南京信息工程大学.

科技部. 2024. 科技部发布 2022 年度全国科普统计数据. https://www.most.gov.cn/kjbgz/202401/t20240111_189336.html［2025-02-13］.

"数字化科普资源标准研究"课题组. 2017. 数字化科普资源标准研究报告//束为. 科技馆研究报告集（2006—2015）（下册）. 北京：科学普及出版社：953-983.

田小平. 2003. 发挥科普资源优势 提高弱势群体能力——关于实施"3320 科普扶弱社会计划"的构想与建议. 北京观察，（7）：24-29.

王挺. 2023. 国家科普能力发展报告（2023）. 北京：社会科学文献出版社.

习近平. 2016. 为建设世界科技强国而奋斗——在全国科技创新大会、两院院士大会、中国科协第九次全国代表大会上的讲话. https://www.most.gov.cn/ztzl/qgkjcxdhzkyzn/xctp/201705/t20170526_133095.html［2025-02-13］.

习近平. 2020. 在科学家座谈会上的讲话. https://www.gov.cn/xinwen/2020-09/11/content_5542862.htm[2025-02-13].

习近平. 2021. 在中国科学院第二十次院士大会、中国工程院第十五次院士大会、中国科协第十次全国代表大会上的讲话. https://www.gov.cn/xinwen/2021-05/28/content_5613746.htm[2025-02-13].

习近平. 2022. 高举中国特色社会主义伟大旗帜 为全面建设社会主义现代化国家而团结奋斗——在中国共产党第二十次全国代表大会上的报告. https://www.gov.cn/xinwen/2022-10/25/content_5721685.htm[2025-02-13].

习近平. 2024. 在全国科技大会、国家科学技术奖励大会、两院院士大会上的讲话. https://www.gov.cn/gongbao/2024/issue_11466/202407/content_6963180.html[2025-02-13].

新华社. 2023. 习近平给"科学与中国"院士专家代表回信强调：带动更多科技工作者支持和参与科普事业 促进全民科学素质的提高. https://www.gov.cn/yaowen/liebiao/202307/content_6893393.htm[2025-02-13].

新华社. 2024. 中共中央关于进一步全面深化改革 推进中国式现代化的决定. https://www.gov.cn/zhengce/202407/content_6963770.htm[2025-02-13].

尹霖，张平淡. 2007. 科普资源的概念与内涵. 科普研究，（5）：34-41，63.

张婷. 2019. 新媒体语境下科学传播的现状与发展. 科技传播，11（11）：180-181.

第二章

科普文本资源

要点提示

1. 科技文本资源是科普文本资源的重要来源。对大众媒体和大众科普作品而言，科普期刊和科技类报纸也是科普创作的重要源泉。

2. 科技期刊，也包括部分科技图书，主要通过各种中介信息平台进行科普资源的转化。国内推动科技文本资源科普转化的平台还有待进一步完善。

3. 文本资源的科普转化，需要在理解科技论文的基础上遵循准确性、相关性、建设性、趣味性和易读性、均衡性及社会性原则。

4. 科普文本资源的创作可以利用很多工具，包括FactCheck.org、科学辟谣平台和科学媒介中心（Science Media Center）、"科普中国"等信息勘误平台，"美图秀秀"等图形处理工具，以及文心一言和讯飞星火等大语言模型。

5. 大语言模型目前还缺乏创作科普文本作品成品的能力，对大语言模型更适宜的利用方式是帮助科普创作者总结包括科研论文在内的原始科技文本的要点，并在此基础上进行贴近读者需求的创作。

学习目标

1. 了解科技文本资源科普转化的特点。

2. 熟悉科普文本资源的主要利用途径，能基于国内缺乏相关平台的现状找出实践解决方案。

3. 了解并实际应用文本资源科普转化的各种基本原则。

4. 了解并根据自己的实际工作拓展创作科普文本资源的工具。

5. 逐步探索利用大语言模型进行科技文本利用和科普文本创作。

科技资源科普化是实现科技创新和科学普及两翼齐飞的关键路径。2015年，中国科学院和科学技术部联合发布了《关于加强中国科学院科普工作的若干意见》，首次明确提出实施"高端科研资源科普化"的计划。《全民科学素质行动规划纲要（2021—2035年）》更是明确将"科技资源科普化工程"列为"十四五"时期全民科学素质行动五项重点工程之一。

科技资源科普化中所指的科技资源，是开展科技活动的一切资源的综合，包括科技人力资源，如从事研究与开发的科学家、工程师、博士研究生等；科技投入资源，如科研事业经费、科研计划项目经费等；科研条件与基础设置，如实验室、观察站及其实验设备与仪器等；科研成果资源，如各种论文专利、高新技术产品等（张学波和吴善明，2018；张九庆，2011）。科技资源科普化，就是将上述科技资源转化为科普资源的过程。这个过程本身也是科技资源功能和作用的拓展与延伸（任福君，2009）。推进科技资源科普化不仅可以优化科研、科普等公共资源的合理配置，营造科技创新的新生态，还可以利用已经成型的科技资源推动公众理解科学，提升科学商业价值，最终促进科技经济融合，推动供给侧结构性改革（马宇罡和苑楠，2021）。

在各种可以进行科普转化的科技资源中，科技文本资源首屈一指。科技文本主要包括科技图书、科技期刊（也包括科技会议的论文集，下同）以及各种类型的科技报纸及其电子版本。科技文本向科普文本的转化是向公众传播科学知识、弘扬科学精神、让公众了解科技进展的主要渠道。

第一节　科技文本资源科普转化的现状

一、科技文本资源的科普属性

（一）作为科技文本资源的科技期刊

科技期刊作为发布和传播科技创新成果的权威载体，刊载了最新、最全面也最权威的科技信息，这些信息的科普转化对于公众了解最新科技进展、获取最新技术以及洞悉世界科技发展大势都非常重要。正因为如此，世界各国在普及最新科技成果的过程中，无不把科技期刊的内容报道或科普转化作为核心。

科技期刊的数量极为巨大，并且近年来呈爆炸式增长态势。学术界通常把纳入各种检索系统的期刊作为得到承认的有质量保证的刊物。以科技界最为广泛认可的科学引文索引（Science Citation Index，SCI）系统为例，承载 SCI 职能的 Web of Science 平台，包含丰富的引文索引集合，代表了科学、社会科学及艺术与人文领域最具有全球意义的期刊、书籍和会议记录中的学术研究文章之间的引文联系。Web of Science 核心合集（Core Collection）作为标准数据集，支撑期刊引文报告中的期刊影响力指标和 InCites 中的机构绩效指标。截至 2023 年 10 月，这一核心合集涵盖了 21 981 种各类科技期刊，以及 14.3 万册图书，并覆盖了 30.4 万个学术会议（即这些学术会议的论文集会进入 Web of Science 的索引系统）。截至 2023 年 10 月，Web of Science 平台总收录期刊（包括核心合集）已经达到了 34 522 种，总记录量达到了 2.11 亿次（每一篇期刊论文、一本图书、一篇会议论文及一个专利称为一个记录），其中还包括 5900 万条专利信息。

另一个广泛使用的科学引证索引系统 Scopus 也收录了海量期刊。截至 2022 年 5 月，Scopus 数据库中共有 26 228 种活跃期刊，其中 23 233 种期刊以英文发表文章。在我国，截至 2020 年底，科技期刊总量为 5041 种（不包含港澳台地区出版的期刊），其中，科普类期刊 268 种、学术类期刊 4773 种（中国科学技术协会，2022）。

数量庞大的科技期刊，刊载了数量惊人的科研论文。由表 2-1 可知，2018～2022 年每年发表的学术论文数量逐年递增，其中 2022 年全世界发表超过 514 万篇学术论文，包括简短的调查、评论和会议记录。2021 年全世界发表了超过 500 万篇学术论文，年发表的文章增长异常高，发表的文章比上一年增加了 7.62%（Curcic，2023）。

表 2-1　2018～2022 年每年发表的学术论文情况

年份	论文发表量/万篇	年度增幅/%
2018	418	—
2019	443	5.95
2020	468	5.50
2021	503	7.62
2022	514	2.06

资料来源：Curcic（2023）

上述科技论文数量，指的是可以进行国际检索的论文（绝大多数为英文论文，少部分为英文摘要进入国际检索数据库的论文），如果包含中文论文的话，那么科技论文的数量更为惊人。根据国家统计局公布的数据，我国 2020 年、2021 年和 2022 年发表的科技论文数量分别为 195.17 万篇、203 万篇和 215 万篇（国家统计局，2024）。

科技期刊所代表的丰富的科技资源科普化是值得思考的问题。鉴于科技期刊主要分为刊载科研论文、其他面向科技界群体的学术文本的专业期刊，以及面向公众（包含非科学同行的其他科技界人士）的以刊载科普信息、科技政策和其他科技内容为主题的科普类期刊两种，它们面对的科技资源科普化问题是迥然不同的。对于专业期刊来讲，它们提供了科普素材的源头资料与数据，但专业化内容与表述导致其必然需要通过科普转化才能被普通公众了解。对于科普类期刊而言，其内容本身并非比较专业，但相对于大众媒介和普通公众，它们的内容仍然可以成为科普信息的源头之一。例如，《环球科学》《科学美国人》《新科学家》

等科普期刊，其内容源于对科学界最新或最重大发现的一手报道，仍然可以成为大众类科普文本的资源。

（二）作为科技文本资源的科技图书

科技图书是刊载科技信息的重要载体。但相对于科技期刊所刊载的论文而言，科技图书提供的信息或许要少很多，这源于科技信息具有很强的时效性，汇总成图书出版的科技信息，往往会有一定滞后。而且除教材外，很多科研人员也往往不愿意用图书的形式汇总其研究成果，除非有特定用途（如按照国家要求出版特定领域的丛书）。尽管如此，相比于科技期刊刊载的科研论文，科技图书的内容会更加系统和全面。当然，由于科研与科普必然存在的差异，以及科普生产的时效和内容更加符合公众口味而不是科学知识的系统性，所以相对而言，科技图书在科普生产中的利用率远远不及科技论文。

很难统计全世界每年出版的科技图书数量。如上所述，Web of Science 的核心合集收录了 14.3 万册科技图书，但这是历年来累计的结果。在我国，根据国家统计局公布的数据，我国 2020 年、2021 年和 2022 年出版的科技图书分别是 4.96 万种、5.06 万种和 4.70 万种，增加非常迅速（国家统计局，2024）。在美国，被标识为科学类图书的出版数量，从 2002 年到 2013 年累计超过了 15 万册，每年一般不会超过 2 万册。

世界各地每年出版的科技图书数量可能因地区、出版商和特定科学领域的不同而有很大差异。例如，美国、欧洲国家、亚洲国家或世界其他地区可能报告不同的数字。根据国际出版商协会的年度报告，全球每年出版数万册科技图书。确切的数字可能会随着时间、科学研究和公众兴趣的变化而波动。

世界范围内科技图书的情况相当多样化，反映了不同地区的研究兴趣、科学进展和教育需求。很大一部分科技图书是由爱思唯尔（Elsevier）、施普林格（Springer）、威立-布莱克威尔（Wiley-Blackwell）和泰勒-弗朗西斯（Taylor & Francis）等知名学术出版商出版的。他们出版的图书涵盖范围广泛的科学学科，包括自然科学、工程、医学和社会科学。

随着数字出版的出现，科技图书变得越来越容易访问。许多书籍都以电子格式提供，这已将其影响范围扩大到全球。此外，还有开放获取模式，允许免费获取科学文献，从而提高了科技图书的可用性。

科技图书的发展趋势通常反映了当前世界各地研究和开发的焦点与投资。例如，人工智能、气候变化和生物技术等主题目前非常突出，因此在科技图书出版中得到了很好的体现。作为科技文本资源，科技图书可以提供丰富的科技知识和较为全面的科技视角，在有些情况下，还可以提出互相矛盾的科学观点并提供解释，这些都是非常重要的且科技期刊论文难以替代的特点。

（三）科技报纸、科普期刊与科技图书

科技报纸同样是科技信息的重要载体。国际上，专门致力于报道科技类新闻的报纸并不多见，这类报道一般常见于传统大报的科学专栏，这种专栏又分成固定时间出版的专刊，如《纽约时报》的"科学"版块和英国《卫报》的"科学"版块，以及混杂在每日报道中的科学栏目。在我国，有一批隶属于科学技术协会（少量隶属于科学技术厅局）系统的科技报纸，它们既承担了科普职能，也发挥着凝聚科技工作者的作用。此外，很多专业报也算是具有科普性质的科普文本，如《健康报》《医师报》《中国医学论坛报》《中国环境报》等。西方同样缺乏这类专业报纸，但很多西方科技类专业组织会出版沟通会员信息的业内通信（newsletter）。一些著名的科技期刊包括《自然》（*Nature*）、《科学》（*Science*）、《柳叶刀》（*Lancet*）和《新英格兰医学杂志》（*The New England Journal of Medicine*），都具有新闻报道和科普传播的版面。

总体而言，科技报纸一般不会刊登专业科研论文或仅仅面向特定小群体的专业科技内容，这使得它们作为科普资源的性质与前面介绍的专业学术期刊或专业科技图书并不相同，即并不刊登源于科研工作的一手科技信息，而是类似于科普期刊和科技图书。尽管如此，科技报纸、科普期刊与科技图书仍然可以成为重要的科普信息源。根据科学技术部发布的 2022 年度全国科普统计数据，2022 年，我国共发行科技类报纸 8384.24 万份，出版科普图书 1.04 亿册，发行科普期刊 8301.82 万册，科普类微博建设 1845 个，科普类微信公众号建设 8127 个（科技部，2024）。

科技报纸与科普期刊发表的文章，虽然不会像专业期刊那样经过同行评审，但鉴于其专业生产流程，它们也可以在一定意义上被认为经过了相关领域的独立专家的评估，可以相对确保内容的高质量和科学准确性。因为相对于大众传媒，不论是科技报纸还是科普期刊，都更加接近科技界；相对于大众传媒采编人员，科技报纸与科普期刊的编辑记者或科普图书的创作者也受到过更多的专业科研训练，有更多的技能开展科普创作的调研，也更容易为科学家所接受。例如在中国，《中国科学报》和《科技日报》两份报纸往往会在第一时间注意到科技界的一些动向，并能深入开展针对科学家的采访，因而它们也可以成为大众传媒的科

普文本的资源。

二、科技文本资源科普化

（一）科技期刊与科技图书的科普转化现状

科技期刊，也包括部分科技图书，在国外主要通过各种中介信息平台进行科普资源的转化。例如，美国科学促进会主办了一套 EurekAlert!系统，每天都会向免费注册的记者们提供 30～40 篇各种科技期刊已发表或即将发表的重要论文的新闻稿；欧洲则有类似的 Alpha Galileo 系统，主要刊载欧洲科学家科研论文的新闻稿。国外类似的系统还包括本来侧重于物理学但现在已经涵盖各个学科门类的 Phys.org 和 Sciencedaily.com。出版商、科研单位或作者也会将一些重要的科技图书出版的新闻，通过这些平台进行发布。

从科普生产的角度而言，获得源于科技期刊或科技图书出版商提供的论文或图书新闻稿，可以扩大科普创作的线索，而且基于论文的新闻稿都是经过同行评议的，至少特定时间内在科学上是可靠的，在表述上比较准确。在实际操作中，科学记者或科普作家会发现这些来自专业期刊编辑或者科研团队的新闻稿有时候仍然过于专业，于是他们还要根据自己所在的媒体及其读者情况，对这些新闻稿做进一步通俗化处理。可以说，从科研团队论文投稿、审稿、撰写新闻稿到编辑/评议人审稿，再到科学记者利用和消化新闻稿，这一过程实现了科技文本资源的科普化。

截至目前，我国尚未建立系统的基于科技期刊特别是国内科技期刊的科普资源转化利用平台。经过各方面的努力，我国也曾经实施过沟通科技期刊与大众传媒及其他科普创作者的工作。2007～2011 年，在中国科学技术协会的支持下，启动了促进科技期刊与科技记者的"科技期刊与大众媒体面对面"项目（以下简称"面对面"项目）。这一项目于 2007 年 1 月创立，由中国科学技术协会主办，中国科技新闻学会和中国科协学会服务中心承办。该项目将发表于学术期刊上的原创学术论文所反映的自然科学、工程技术、生命科学和医学，以及其他学科的科学发现和最新研究成果改写成为科技新闻，以科技期刊与媒体记者见面会的形式，推介给大众媒体刊载。2007～2011 年，共有 41 种科技期刊通过该项目推荐769 篇期刊论文，人民日报社、新华社、中央电视台等近 30 家媒体记者参加见面会，媒体对其中的 283 篇论文进行了报道（谭一泓等，2022）。

自 2016 年开始，中国科普研究所"科学媒体中心"课题组联合北京科学技术期刊学会举办了多场"刊媒惠"活动，努力搭建科技期刊与科技记者之间的交流平台，将优秀科研论文以现场沙龙形式推介给媒体记者，取得了较好的社会反响。

虽然并未形成科技期刊与科技记者持续交流的机制，但这并不意味着我国科学报道或科普作品完全无视最新发表的论文成果或者科技著作。像丁香园、知识分子、梅斯医学等专业科普站点会撰写基于科研成果的科学报道或科普文章。此外，隶属于中国科学院的科学网还开设了论文频道，开设论文频道的初衷，是鼓励我国科学家或科研机构把自己的最新研究成果以新闻稿或科普文本的方式加以传播。但在实践中，由于缺乏稿源，科学网（也包括丁香园和生物谷等生物医学科普网站）的论文频道最终主要变成了以编译 EurekAlert!等国外科学新闻发布平台发布的论文或著作新闻为主的平台。

（二）科普出版物的资源利用现状

与专业科技期刊和科技图书相比，包括科技报纸、科普期刊和科普图书在内的科普文本资源的利用总体上并不存在翻译的问题，但同样需要对它们进行知识转化。很多科普出版物往往由具有科学背景以及与科学界有联系的专业科普作家撰写，这些专业科普作家很多本身就是科研工作者。对于他们而言，虽然撰写科普读物的目的是提升公民科学素质，但他们实际的目标读者通常已经具有一定的科学背景，对科学有一般性的兴趣，很多人也同样从事与科研相关的工作。

基于这种情况，本章专门使用了"专业科普文本"这一词汇来指代这类出版物。这些专业科普文本虽然通常不需要在内容上进行再简化，但对于以满足公众爱好和兴趣为主要诉求的大众科普读物创作而言，它们仍然具有相当的专业性，需要进行科普转化。目前，一些科普网站或通俗科普读物也将这类出版物作为其文本资源，从中获取相关科技知识与科技信息，并结合公共热点或公众关心的话题进行再创作。但是，相对于科技期刊或专业科技图书往往根据学科分类具有比较明确的发布渠道而言，各种科普出版物的创作、出版、发行与传播往往比较分散。对于需要依赖它们进行二次创作的通俗科普作家，要找到这些出版物并不容易。

总体来看，像我国缺乏科技期刊或专业科技图书科普内容的专业发布平台一样，我国尚未很好地建立起专业科普文本的发布平台或渠道。从利用现状而言，更多通俗科普作家在利用这些科普文本资源进行二次创作时往往进行随机选择，或者凭借个人的知识背景、兴趣点和人脉关系对特定科普文本进行利用或追踪。

我国虽然有各种科普图书评选评奖体系，但缺乏对科普图书进行系统介绍的系统和渠道。

三、科技文本资源科普转化存在的主要问题与解决方案

（一）我国科技文本资源科普转化存在的主要问题

从上文介绍的情况来看，我国科技文本资源科普转化还存在很大不足，包括科技文本资源转化质量不高、科普转化不够充分、转化渠道不够通畅、科普文本资源专业利用能力有待提升等。

尽管在实际工作中，大多数科技期刊编辑都表示认识到了新闻发布制度的重要性，但是难以形成制作新闻稿的体系。表面上看，主要原因是人手不足和资源不够，也有部分期刊承认刊载的论文水平不高。实际上，深层次的原因还在于，期刊缺乏与大众传媒沟通的动力。尽管从国外的经验来看，被大众传媒报道有助于提高论文的被引用次数和期刊的影响因子，但是这种提高的效果难以直接衡量，难以成为促使期刊在制作新闻方面投入力量的动因。期刊本身也存在所有制不明晰、缺乏市场化的运作和经营以及由此导致的激励机制缺位问题，这也导致期刊编辑部不愿意在科技文本资源科普转化中投入过多时间和精力。

除这些原因外，许多科学家选择在国外期刊发表一流论文，这也是我国科技文本资源科普转化进程中的问题，一些期刊认为自己刊发的论文不值得报道。实际上，中国科技期刊发表的论文，有大量原创性内容具有进行科普创作、科技报道的价值，尽管就基础科研的纯学术水平而言，国内部分科技期刊论文的质量可能略低于国际顶尖期刊的，但是许多论文研究了重要的本土问题，也有一些论文得出了具有重要实践价值（如临床研究）的结论。

许多科技期刊的编辑表示，撰写论文的科学家不太配合，不愿意完成论文之外的额外工作。还有一些科普期刊的编辑担心，把一些重大疾病的学术论文制作成新闻稿或科普素材，会给公众带来不必要的担忧。然而，这一点恰恰说明应该与公众交流科研成果。从艾滋病到严重急性呼吸综合征（SARS）再到禽流感的经验表明，向公众传播科学的疾病知识，是帮助他们打消而不是增加担忧的最好手段。

也有科技期刊的编辑担心，经过宣传报道的一篇论文，其中的研究结果或结论可能在几年后被证明是错误的，所以不愿意将其制作成新闻稿广泛发布。这种

担心有一定道理，但是在一定意义上，科学研究的成果总是自我更正的，即使在《自然》或者《科学》上，几年后对此前论文的否证也很常见。重要的是，一篇论文在发表的时候若获得了在现有证据支持下的科学共同体的认可，这种认可就可以成为论文具有新闻性的依据之一。

大众传媒新闻工作者及部分科普作家的科学素质不高，也是他们利用包括科技论文和科技图书等科普文本从事新闻报道或科普创作的障碍之一。在中国，大多数新闻记者在大学中学习的是文科专业，即使从事科技新闻报道，也缺乏科技方面的培训，这导致一些新闻工作者不但缺乏科技背景知识，更重要的是，缺乏了解科学界以科技论文和科技图书为基础的交流规则。自然，这样的新闻工作者对科技论文的领会和驾驭能力也比较有限，这或者会导致新闻稿中的专业名词和学术化表述未经解释就直接登上了大众传媒的版面，或者会让一些记者和科普作家知难而退，放弃了报道许多重要研究的机会。

（二）促进我国科技文本资源科普转化的解决方案

面对科技文本转化资源质量不高、科普转化不充分、转化渠道不通畅、科普文本资源专业利用能力有待提升等问题，科研机构、专业科普组织、科研人员和科普创作者必须群策群力，携手逐步解决。

让源于科技期刊与科技图书的科技文本资源更好地实现科普转化，有以下注意事项。

第一，应该真正认识到对重要学术成果进行科普转化工作的重要性及其对期刊或出版社的促进意义，并投入相应的资源。在论文和科技图书新闻稿的制作过程中，则要切实考虑普通读者的需求，必要时还可以咨询新闻工作者或科普作家，从源头上尽量制作浅显易懂且对相关公众具有潜在吸引力的作品（韩婧等，2023）。

第二，在新闻稿或其他科普文本的发布过程中，要把期刊（出版社）媒体见面会这种形式与覆盖面更广的论文新闻稿发布系统（如专门的网站）结合起来，增加论文新闻稿的有效传播范围。期刊（出版社）媒体见面会也应该变成一个更加开放的平台，参加者不应该局限于科技记者和主流媒体记者或熟悉的科普作家。都市报、科普公众号等拥有更广泛的读者群，这些媒体的从业人员在科学传播方面也会发挥更大的作用。

第三，在开展上述工作的同时，一些更深远的体制性问题也有待解决。在更深的层次上，存在专业术语偏多、科学家（期刊论文的作者）不愿意撰写其研究的新闻稿、科技新闻偏重于强调学术重要性而忽视其对公众的影响等问题，这体现了中国科研报道的重心不是以公众为中心。近年来，科学技术部、国家自然科学基金委员会和中国科学技术协会先后颁布了多项政策措施，鼓励科研人员投身科普工作，鼓励科研成果实施科普转化（齐昆鹏等，2021）。

第四，科学新闻应该重在激发公众对科学的兴趣，促进公众对科学事业的了解，打破科学与公众之间的藩篱，而不是重在宣传科学家或其团队的成就（贾鹤鹏和刘振华，2009）。以宣传成就为中心的新闻稿中比较典型的表述方式就是"团队发表重要论文（或做出重要实验）"，在大众传媒面临竞争性信息的情况下，大众传媒的编辑会很自然地把这种成就当成科学界内部的事情，不值得报道。

第五，从包含媒体工作者在内的科普创作者角度而言，应该加快自身科学素质的建设，并把报道重要科研成果这一工作当成学习和提高自身能力的机会。媒体编辑和科普作家也要养成习惯，对于科学进展的报道，应该要求以重要论文发表作为前提或者新闻点。科研院所和科技工作者要为媒体记者与科普作家提供及时的培训，保持有效的沟通，帮助他们加深对科学工作的理解。

第二节　科技文本资源科普转化的国内外案例

一、科技文本资源科普转化的国外案例

发达国家的科学传播界已经形成了一套比较成熟的将科技文本转化为科普文本的做法和体系，由编辑约稿、作者撰（新闻）稿、公共论文新闻网站发稿、记者注册、新闻稿的限时禁发制度（embargo system）等组成。在重要的国际期刊中，《科学》的论文被制作成新闻稿或其他科普文本的比例最高，每一期都有一多半的论文被制作成新闻稿。《自然》和《柳叶刀》等知名期刊的论文被制作成新闻稿的比例相对低一些。

除制作新闻稿或撰写科普文本之外，《科学》《自然》《柳叶刀》等都有本期导读（This Issue），这是用通俗语言撰写的内容提要。此外，《科学》《自然》《柳叶刀》等都有新闻报道性内容，其阅读难度与大众传媒的科学专刊相近（如《纽约时报》的科学周刊），这些专业刊物的新闻报道内容，与大众传媒最大的不同不在于难度和报道方式，而在于其报道对象更多的是科学界关心的内容。

　　需要指出的是，很多国际优秀期刊或出版社并没有独立的新闻报道栏目，但是它们仍然会通过 EurekAlert!等科学新闻系统发布本期刊的重要论文新闻稿。例如，《新英格兰医学杂志》尽管没有专门的新闻报道栏目，但是也非常积极地制作面向媒体的新闻稿。多数情况下，知名国际科普期刊会委托重要的、有新闻性的论文作者撰写新闻稿，再由期刊学术编辑和媒体部门进行润色。由期刊学术编辑或者媒体部门直接撰写新闻稿的情况也很多。

　　国际科技出版单位选择有科普价值的论文或著作时，除要考虑它们在科学上的意义外，还要考虑这项科研成果对于社会的潜在影响和意义。考虑到对公众的影响，目前大多数论文新闻稿出现在生命科学、能源、宇宙学等热点科学领域，相对而言，理论物理和数学方面的新闻稿出现的机会很少。论文新闻稿完成后，则会被送到或者是 EurekAlert!这样的公共平台，或者是期刊自己的新闻网站（如《自然》出版集团的新闻网站：https://press.nature.com ）。为了获得这项服务，每种期刊每年要交纳 1200 多美元。《自然》出版集团的新闻网站在全世界也有至少4000 多名注册记者（贾鹤鹏和赵彦，2008 ）。

　　对于科技期刊或出版社提交的论文新闻稿或科普文本，类似 EurekAlert!这样的公共科技新闻服务平台的编辑一般只会进行常识检查和政治正确性检查（如淘汰掉"研究表明男孩比女孩聪明"这样有性别歧视倾向的新闻稿或者要求对方重新表述），而不会对其内容进行详细审查。记者或科普作家需要注册才能从EurekAlert!和《自然》出版集团的新闻网站上获取资料，注册记者或科普作家可以提前看到即将发表的论文新闻稿（以及论文全文），这被称作限时禁发制度。在国外，包括《科学》在内的科普文本一般是把即将发表的重要论文的新闻稿及其相关科学家的联系方式（大多数时候包括论文全文）提前发布在有密码保护的新闻网站上，只有注册记者才能提前看到，这样做是为了让他们有一个消化的时间，同时又要保护期刊的权益，不能因为提前发表相关新闻而影响对期刊本身的关注。这种限时禁发制度规定，记者们不能在标明的禁发时间之前发表或者播放这条新闻。如果记者违反该规定被发现，他们就会永远失去通过该站点获得提前发布新闻稿的机会。

　　尽管在国际科技出版和科学新闻界，限时禁发制度已经成为一种惯例，但是在出现重大科研题材时，例如 20 世纪 90 年代末的克隆羊，仍然有记者不顾这一制度而抢先发稿。不过总体上，这一规定还是能得到比较好的执行。那么，记者或科普创作者在报道期刊论文新闻稿中的作用是什么？是否期刊已经写好了新闻稿，记者们就可以照抄了？实际情况并非如此。由于科普文本的论文新闻稿仍然由专业人士书写，所以新闻稿中仍然会出现相当多的专业名词，需要新闻记者或科普创作者进一步"翻译"。另外，新闻记者或科普创作者也会根据其服务的科普平台的题材和读者的兴趣，对这些新闻稿或科普文本进行剪裁和编辑。

二、科技文本资源科普转化的国内案例

如上所述，我国并没有常规的科技文本资源科普转化平台，但2007～2011年中国科学技术协会支持的"面对面"项目提供了迄今最丰富的，甚至可以说唯一的科技期刊科普转化的典型案例。在5年时间中，共有41种期刊参与了这一项目。

为了详细考察这一案例，本章作者从参与该项目的41种期刊中，选取了隶属于中国科学院的包括《地理学报》《化学学报》《昆虫学报》等在内的13种期刊，这13种期刊共通过"面对面"项目发布了204篇论文的科普文本——新闻通稿，占这些期刊在参与项目期间发表论文总数的1.1%。其中，117篇论文被媒体报道。没有被推荐的对照组共发表7985篇论文。

本案例研究首先考察了科普发布对科技期刊论文引用的影响。结果发现，所有被期刊制作为新闻稿的论文，其发表后第二年末及发表后第六年末的引用频次都高于同期没有被制作成这种科普文本的论文（第二年末，1.46次/0.95次；第六年末，8.95次/5.3次）。这可能导致了参与项目的期刊编辑普遍感受到该项目对他们所在期刊总引用数增加或影响因子变高的作用（苏青等，2008）。也有研究利用"面对面"项目的数据，发现《中华医学杂志》和《中国药理学报》两种参加"面对面"项目的刊物，其被媒体报道的论文的被引频次比该刊均值更高（贾鹤鹏等，2015）。

但进一步对比推荐后被报道与未被报道论文的被引频次的差异，发现其新闻稿被媒体报道的117篇论文，并没有比被期刊推荐给媒体但未被媒体报道的87篇论文在第二年末和在第六年末的篇均被引次数更高。这说明，论文本身的因素可能对被推荐论文的引用频次有更大的影响，期刊编辑可能挑选了其本身更加优秀的论文参与了"面向面"项目（面向媒体发布新闻稿）。这种情况与其他国家所有类似研究的科普发布能提升论文引用频次的结论都不相同。这一案例实际上说明，并非以科技期刊为载体的科技信息通过科普转化后，就一定能提升科技期刊的影响力。对于利用科技期刊进行科普文本资源开发来讲，这也意味着如果不能搭建系统化的科普转化平台，科技期刊自身进行科普文本资源转化的动力可能

难以持久。要促进科普文本资源的转化和开发利用，非常有必要在科技信息和科普文本之间搭建常规化的服务平台。

第三节　科普文本资源的设计与开发

基于以上的讨论，必须承认，我国有关科普文本资源的开发还缺乏有效的支撑体系，但这不意味着我们无法开展科普文本资源的设计与开发。在缺乏支撑体系的情况下，广大科普工作者就需要投入更大的精力和创造力，进行科普文本资源的设计与开发。本节从科普文本资源设计与开发的原则、科普文本资源的开发流程和科普文本资源开发的工具三个方面进行简述。

一、科普文本资源设计与开发的原则

（一）科普文本资源的准确性原则

无疑，确保科普创作的准确性和相对客观性是科普文本资源开发最重要的原则。在科技文本资源科普转化过程中，科普文本的准确主要包含三层含义：首先是确保科普文本所依托的科技文本或科技信息是准确的，是代表科技界的主流结论的；其次是确保科技文本资源科普转化的过程是准确的，虽然可以进行符合公众需求的科普转化，但不能背离原本科技论文的主旨和基本发现；最后是有关科研新成果的社会或经济应用需要准确。科普文本所依赖的科研论文或著作，限于体裁、篇幅和科研工作追求严谨的习惯，往往对特定科研成果的具体应用语焉不详。但对于科普文本，读者最关心的是新的科研成果、科学发现与自己生活的关系，因而势必要提供这方面的信息。这就造成了科技文本与科普文本存在必然性的差异，如何解决这种差异是科普创作者的必修课。

如何确保科普文本资源开发的准确性原则？科普创作者或科技记者专业方面的素养无疑是必需的。但仅有基本的专业知识还不够，更主要的是要确保与科学界或相关产业界保持紧密的沟通，遵从前者的基本认识。比如要利用声誉高的期刊上发表的论文，就要与作者及其同行保持沟通，必要时还可以请作者或同行对报道或科普文本进行把关。在将科技文本向科普文本转化的过程中，则要尽可能依赖权威或体制化的渠道，如上文介绍过的科研成果发布平台，不要在互联网上道听途说地引用各种观点或发现，还要就科研成果的应用进行双创双重请教——

包括对这一成果具有评判资质的业界专家，以及作者或其团队成员或同行，做到业界专家对科研成果用途的建议或评价，能与科研成果发表者或同行进行切磋。这些科研成果的发表者可能不一定想到适宜的现实应用，但他们一般会对不可能或不容易实现的现实或预期社会应用具有明确的意见。

（二）科普文本资源的相关性和建设性原则

科普文本资源最终的呈现方式是科普作品，不论是科普文章、科研报道、短视频还是播客，其本质属性都是对科技文本科普化的复现与解读。当然这里的科普呈现可能不是针对一项科技文本，而是包括若干篇论文著作及相关采访。但无论如何，它们都是面向被科普化的科技文本的生产者（及小同行）之外的广大读者，需要引发他们的兴趣和关注。

要引发读者的关注，首先需要的是某种程度上的相关性。这种相关性可以体现在新科研成果对受众健康和生活的影响上，也可以体现在科技对经济影响和对国家成就的贡献上，还有部分是体现在科研成果对未知世界的探索上，这又分成对宏观的宇宙或地球环境的探索、对生物进化的追踪及对微观物质结构的解密。较新的科研成果对受众健康的影响是全世界应用最广泛的科普文本相关性，因而绝大多数科普文章或科学报道都聚焦在生物健康医疗领域（Dunwoody，2021）。Suleski 和 Ibaraki（2010）的研究显示，健康/医学论文最容易被媒体报道，占所有报道的近 90%，而其他领域的出现率不到 0.005%。此外，空间探索也是非常受人关注的议题，探索宇宙与行星的起源和演进一直是美国最受关注的科普议题之一。对于我国的受众来讲，空间探索所承载的对国家科技进步的自豪感知，也是引发人们关注的重要维度。

科普文本创作需要建立与公众生活的相关性，但这并不意味着任何与人们有相关性的科研成果都值得报道。很重要的是，这种相关性应该是建设性的，即可能对人类及其社会发展具有促进和推动作用。比如，一贯致力于反对转基因技术的法国里昂大学教授塞拉利尼（Gilles-Eric Séralini），2012 年在著名的《食品与化学毒理学》（*Food and Chemical Toxicology*）期刊上发表了大鼠长期服用抗草甘膦的转基因玉米致癌的研究，引发公众担忧。但研究结果迅速被以欧洲食品安全局（European Food Safety Authority，EFSA）为代表的权威科学及监管机构驳斥，最终该论文也被该期刊撤稿。塞拉利尼的这项研究虽然最初也是出现在权威科技期刊上，公众也普遍关注转基因的安全问题，但由于研究不够严谨且导向性太强，因而难以构成值得进行科普转化的具有建设性的科技文本。

（三）科普文本资源的易读性和趣味性原则

作为科普文本资源最终呈现方式的科普作品，需要通过趣味性和易读性来吸引读者。如果说相关性是吸引读者关注的原则的话，那么将科普文本资源转化为具有趣味性与易读性的科普文本，不但能起到让读者感兴趣并开始阅读的作用，更是使读者坚持获得完整信息的重要原则。趣味性包含情节上的起伏、遣词造字上的生动、观点上的新颖及信息上的全面等。

趣味性说来容易做来难，要做到这一点，就需要对进行科普转化的科技内容有比较深入的了解，对其中的基本事实、最新科研进展、不确定性、观点冲突及未来研究方向都有比较深入的把握。如果科普创作者有这种基本功，那么可以利用科学发现的进展作为基本线索，因为科学发现总是体现为后来的研究推翻、校正或补充拓展了前面的研究。对这一过程非常熟悉的科普创作者，就可以把新旧研究之间的关系处理成生动的情节。在热点领域这样做尤其可以得到回报。比如一项近期关于人类对酸味的感受的研究，可以说是这方面撰写的典范（环球科学，2023）。这一研究从吃饺子为什么要蘸醋开始讲起，追溯了科学家对酸味的研究，其中不仅用后来的研究否定和拓展前面的研究来营造情节，也用早期人类的发展来把感受酸味这一看似普通的习惯与人类的进化机制联系在一起。可以说，文章既接地气，又生动丰富，还能体现重大意义（人类进化）。

应该说，绝大多数科普创作者比较难做到这一点，那么他们会选择把科学内容加入社会冲突或政治冲突中，用社会与政治甚至是军事冲突来营造故事情节，借此把科普内容讲清楚（Schäfer，2011）。

如果说，科普文本资源开发不能做到充满趣味，那它们也必须要确保文本足够直白，也就是符合易读性这一原则。科普文本的易读性原则，应该从两个层面进行理解。一是科普文本应该在文字上具有易读性，即科普文本的特定受众（不同层次的科普文本作品的读者对象往往是不同的，层次也不一样）应该不需要太多专业知识来读懂这个文本；二是科普文本作为传播介质应该具有容易读取的特性，近年来不断兴起的图说科普，就体现了这种特点。科普文本的趣味性和易读性应该结合在一起，其中易读性是趣味性的基础，但好的科普作品，一定是具有趣味性的。在一定意义上，科技文本科普转化的最基本特征就是专业文本向具有易读性和趣味性作品的转化。

（四）科普文本资源的均衡性原则

一般来说，包括科学记者在内的科普工作者总有自己特定的知识专长，但他们在进行科普创作时，不得不经常面对远超自己熟悉和擅长的知识领域的情况。在这种情况下，科普创作者对自己不十分熟悉的科学内容的报道或创作，往往要依靠平衡性、戏剧性、客观性和全面性来抵消有效性与准确性带来的挑战。进行科普文本资源的开发利用，科普创作者必须尽可能平等对待各种相互竞争的主张，尤其是那些他们无法判断的主张。虽然这种做法导致对气候变化等有争议问题的报道出现了错误的平衡（Boykoff M T and Boykoff J M，2004），导致一些反对主流科学观点的声音获得了科普阵地，但总体而言，在有争议和不确定的科学议题上，均衡地对待各种说法仍然是科普文本创作最不容易出错的方式，因而这也应该成为科普文本资源开发的基本原则。

在我国科普文本生产实践中，一般来说，科普创作者会遵从主流科学意见。但也必须看到，我国的科普创作实践往往较少报道最新的科研成果，而更多关注经典的科学议题。在这些经典科学议题中，不同观点的争议已经经过时间筛选，更加容易处理，如有关光的波粒二象性的争论就是如此。但科普文本开发不得不经常接触最新的科研进展，此时，如果特定科研成果存在争议，那么往往不能立刻分清这种争议哪一方是主流。在这种情况下，坚持均衡性原则就更加重要了。

均衡性不仅出现在不同科学观点之间，也出现在科技成果的不同应用或对社会经济的不同影响上。要处理好这种均衡，就需要对科技成果如何与社会互动进行更深入的理解。

（五）科普文本资源的社会性原则

一方面，科学研究不会发生在真空中，它们总是出现在特定社会环境下，并对社会经济发展起作用；另一方面，如果要让科普文本与科普受众产生足够的相关性，科普创作者就必须强调特定科研成果对社会的影响。因而，在科普文本资源的开发、创作、利用和传播过程中，社会性是一个无法回避的重要原则。不仅如此，科普文本除在内容上必然具有体现社会经济生活相关之处的社会性外，科普文本生产转化的流程也涉及多个社会群体，这些群体大部分不再是提供科普源头内容的科研工作者。可以说，科技成果（文本）向科普文本转化的过程，就是相对隔离于社会的科研共同体融入社会的过程。

因此，非常有必要重视科普文本资源开发与传播过程中的社会性原则。一方面，要通过深入的研究和访谈，了解在开发创作中的科普文本资源涉及的科研成果与社会的关系；另一方面，要让社会多主体参与对特定科研成果与社会相关性的探讨和阐释。例如，在 OpenAI 公司的 ChatGPT-4 催热了基于大语言模型的人工智能技术后，探讨人工智能对社会的影响的科普文本创作，就不能局限于大数据科学家中，甚至也不能仅仅停留在传统上的人工智能伦理研究者圈子中，而应该把可能受到大语言模型影响的各行各业的专业人士的声音、观点、顾虑和展望都纳入对人工智能发展的探讨中。带动各方积极参与、积极探讨的科普文本，不仅能更深入地研究和呈现所涉及内容，而且能更好地获得社会的反馈，为相关科普文本及其创作者、传播者获得更多的社会认同甚至是经济回报。

本节重点以传统的科普作品（包括科普文章、科普图书和媒体的科技报道）为例，探讨科普文本资源设计与开发的原则。这些原则同样适用于非传统科普作品的科普文本，如科技馆的讲解词或布展说明及科普短视频的配音等。这些传统科普作品之外的科普文本同样需要考虑被描述的科技内容与社会和受众的相关性、内容呈现的生动与多元等。

二、科普文本资源的开发流程

科普文本资源的开发流程，总体上是一个科技信息从科学界走向社会公众的过程，也可以将其等同于专业科技文本的科普转化过程。在这个过程中，科普文本资源的开发涵盖科普文本资源的信息获取、科普文本的写作、科普文本资源的编辑与勘误，以及科普文本资源的推广与社会化发行等几个基本程序。虽然在多媒体和融媒体时代，科普文本资源的开发势必要包括视频、绘画、配音配乐及舞美环节等，但科普文本的创作仍然是这些工作的基础。

（一）科普文本资源的信息获取

不论科普文本资源具体涉及的内容是人类的生命健康、环境保护、高科技发展还是大国重器的研发，其最核心的信息源都是科学界。本章在介绍科普文本资源的范围时已经指出，通常可以用作科普文本资源的科技信息主要是科技期刊（会议）论文、科技著作、科技报纸与科普期刊，以及它们的在线形式。其他科技文本信息，如专利信息或科技产品的说明书，通常不会作为主要的科普信息源，但可能会辅助论文、著作等信息来制作和开发科普文本。

如前所述，欧美国家已经形成了较为成熟的科技信息的科普发布系统。EurekAlert! 系统、Alpha Galileo 系统、《自然》出版集团新闻网站、phys.org、sciencedaily.com 等。考虑到科普文本的创作并不需要以国别作为主要区别因素，何况很多中国科学家发表在国际期刊上的优秀论文，也会通过这些期刊登录上述的国际科技信息科普转化平台，因此在我国进行科普文本资源的信息获取工作，也可以充分依靠这些平台。科学网的论文频道编译了大量来自上述国际平台以及由出版商直接提供的论文著作等科技信息的新闻稿，可供科普创作者查阅参考。

在科学网之外，各类专业的或权威的科普平台，也是生产科普文本资源的信息获取的重要途径，如"科普中国"、《环球科学》中文版、知识分子、丁香园、梅斯医学、果壳网等。这些科普平台已经汇聚了一批专业的科普作家，其中很多具有相当的科学背景。他们提供的两类信息尤其可以成为进一步的科普文本生产的信息源：一类是类似于科学网论文频道那样编译自国际平台（部分也来自国内科研院所发布的科研新闻）的重要而有趣或有强社会相关性论文的新闻稿；另一类则是自己生产的深度科普文本。前者可以成为线索而进一步生产更深入、更全面且兼顾时效性的科普文本；后者则既可以用作简化的科普文本的源头（毕竟大多数人没有时间看完特别深入的科普报道），也可以为生产其他科普文本提供线索和启示。如上面所引述的源于《环球科学》的有关人类酸味感知系统的深度科普文章，既可以通过简化（简化的同时还可以规避版权）来生成一篇直白的关于酸味感知的科普文章，也可以基于该文对人类进化与酸味感知的互动的生动描述，进一步结合新的科技文本素材，探讨其他人类机能在漫长的进化或适应社会过程中的演变。

在我国，要获得重要的科技文本资源进行科普创作，主要有两个路径。一个路径是科研机构的科学家在科技顶级期刊上发表了重要的科研论文，特别是如果发表了《科学》、《自然》、《细胞》（Cell）、《柳叶刀》和《新英格兰医学杂志》等最顶尖期刊的论文，这些机构往往会在其主页或公众号上发布相关信息，这可以成为进一步进行科普转化的线索。另一个路径则是关注我国本土最重要的一些学术期刊的年度获奖论文或每期推荐论文，也包括科技类出版社的获奖科技著作或重点推广的专著。例如2024年7月公布的2024年度江苏省自然科学百篇优秀学术成果论文名单，其中既有对经典科学问题的概述（从而可以成为科普生产中的基本知识背景），也不乏值得进一步跟进报道或撰写科普文章的重要科研进展。

科普文本资源的信息，除获取自一手的科技信息外，包括专业科普期刊和科技类报纸在内的专业科普文本也是重要信息源。但是，相对于科技期刊或专业科技图书往往根据学科分类并具有比较明确的发布渠道而言，各种科普出版物的创作、出版、发行与传播往往比较分散。对于需要依赖它们进行二次创作的通俗科普作家而言，要找到这些出版物并不容易，通常可以重点关注中外权威科普期刊最新刊登的以及主流科普出版社发布的出版计划、出版列表。对于科普创作者而言，在数字化时代，密切追踪一些权威的专业科普文本的公众号或其他在线平台，再结合个人兴趣和当下热点进行再加工，也是一条获取科普信息的主要路径。

（二）科普文本的写作

科普文本的写作，本质上与科普文章的创作并无不同，也要遵循本章第二节提出的准确性、相关性和建设性、趣味性和易读性、均衡性原则。科普写作是一个专业性和普及性相结合的领域，旨在将复杂的科学概念以易于理解的形式传达给普通受众。有关科普文本创作，国内外已经出版了大量专著，本章不再赘述。也可以阅读一些经典文献，如《科学写作通诀》（"The Science of Science Writing"），这是一篇经典的文章，发表在《美国科学家》（*American Scientist*）期刊上，由 Gopen 和 Swan（1990）撰写，深入讲解了科学写作的基本原则。《科普写作手册》（*Handbook of Popular Science Writing*）提供了撰写通俗易懂的科学文章的实用建议，包括选择题材、理解受众和写作风格等。

常见的国际科普写作教程还包括：《科学写作指南》（*A Field Guide for Science Writers: The Official Guide of the National Association of Science Writers*），这是美国科学作家协会的官方文本（Blum et al.，2005），也是美国全国科学写作研究生项目的主要内容。该书与第一版《科学写作指南》（1997 年出版）是科普写作的经典教程，不仅汇集了科普写作的一般性原则，还涵盖了一些经典议题——胚胎干细胞研究、全球变暖、医疗改革、太空探索、遗传隐私、细菌战——的科普写作要旨。

另一本近年来在国外被广泛使用的参考书是《科学作家手册：数字时代选题、出版和成功必修指南》（*The Science Writers' Handbook: Everything You Need to Know to Pitch, Publish, and Prosper in the Digital Age*），这也是一本非常实用的科普写作工具书（Hayden and Nijhuis，2013），不仅介绍了科普作家应具备的基本技能，还从科普作家的职业规划甚至是个人发展层面给予了建议。用编著者的话讲：这本不可或缺的指南展示了作为自由职业者或专职科普作者，如何快速启动职业生涯，如何编写令人无法抗拒的故事和亮点，如何寻找写作的想法、推销故事和报告，如何进行叙述，如何驾驭写作的情感（包括嫉妒、孤独和对特定科技内容的拒斥），甚至包括如何处理科普作家的业务细节（合同、税收、退休储蓄、保险等，当然这是基于美国体系的），也包括如何平衡自由职业与其他生活等方面。可以说，对于科普创作者来说，这本书的指导是相当全面的。

近年来，我国科普出版事业繁荣发展，出版了大量科普图书。但是有关科普创作指南的图书数量非常稀少，至今还缺乏一本适应数字化时代的综合科普创作图书，当然就更谈不上系统指导科普文本资源创作的专著了。由王大鹏（2023）主编的《愿景与门道：40位科普人的心语》一书，汇集了当今知名的40位科普作家的创作心得。该书是由40位一线科普工作者埋头实践、苦练硬功总结出来的科普方式方法的集萃，是一套能够指导科普工作的精心凝练的"秘籍"。该书中所提供的一些方法不一定能够让科普创作者做出"爆红"的科普内容产品，但绝对能够启发创作者做好科普。

（三）科普文本资源的编辑与勘误

科普文本资源的编辑是科普文本资源开发的重要环节。科普文本资源的编辑，总体上可以参考编辑科普作品的基本规则。编辑科普作品是一个既要求科学性又要求可读性的过程，有关科普编辑细节方面的建议如下。

在指导选题策划方面，要确定科普文本资源的目标受众，是儿童、青少年、成人还是技术开发者？要确定科普的领域，包括生物、物理、天文、环境保护等。科普文本的编辑也要帮助作者设定作品的目的和主题，是旨在普及知识、提升公众科学素质，还是启发思考，鼓励公众参与科学的公共讨论，抑或是促进科技成果的转移应用？

在内容编撰方面，科普编辑要协同作者，确保数据和事实的准确性，要确保提供的信息是基于最新的研究或是权威的资料。尤其是当今互联网信息非常丰富但良莠不齐，就更要督促和确保科普创作者选择权威资料与最新研究成果作为科技信源，坚决不能凭借网上道听途说的信息，尤其涉及各类健康议题是不实信息的重灾区（Wang et al.，2023）。科普编辑通常要请领域内的专家对作品进行评审，确保内容的科学性。通常，试读反馈也是科普读物出版的标准流程。他们可以选择部分目标读者进行试读，收集相关反馈并做出适当的调整。

科普文本资源的编辑还有一个重要职能，那就是对科普文本中的关键信息进行查找和验证。这可以通过寻找其他独立的源头及额外的证据，支持或反驳现有的科普信息进行。源头或证据可以包括其他的科学研究、书籍、院校出版物或者其他专家的评述。编辑科普文本资源还要识别科学共识。在大多数科学领域，有着广泛共识的理论或发现，是通过不断的实验和数据验证形成的。如果一条信息与已有共识大相径庭，那它就需要经过更为严格的审核。

在确保信息准确性的基础上，科普编辑应该确保作品的逻辑性和连贯性，好的科普作品一定不是材料的堆积。要让科普作品条理清晰、步骤逐一，让读者易于理解；引用可靠来源，使用权威的参考文献和研究报告，要解释专业术语，一定要对行业内的复杂术语做出简单易懂的解释和注解。语言表达要使用浅显易懂的语言，避免过于冗长和复杂的句子。要采用生动的例子和比喻来帮助读者更好地理解与记忆；科普编辑要通过校对和润色来检查科普文本的语法错误，完善表达方式。

在科普文本的艺术呈现方面，科普编辑要使用插图和图表来直观展示复杂信息，提高理解度；要注意色彩和字体，因为科普书籍中的色彩和字体对目标受众，特别是青少年，具有更强的吸引力。优美的版面设计也可以提升各种读者的阅读体验。对于科普文本的编辑，保证图书的印刷质量，使阅读更加舒适也很重要。

科普编辑是读者参与的推动者。他们应该通过在科普文本中设计提问和讨论来鼓励读者思考并参与其中，也可以通过联系实验室和设计活动场景等方式让读者亲身体验。作者在其中也要发挥重要作用，但这种作用往往需要编辑的有效组织才能体现。

总之，编辑科普作品是让公众接触科学的重要途径，要求编辑既要有扎实的科学知识，也要有传达知识的能力。科普文本的编辑要通过不断地练习和学习，既要着眼于提升编辑科普作品的能力，也要提升自身的科学素质，还要致力于不断培养自己的逻辑分析能力。

三、科普文本资源开发的工具

科普文本资源的开发，需要借助各种工具。首先，这样的工具可以帮助科普文本的作者获得并能从中挑选更多的科技信息，从而实现科技文本的科普转化；其次，这样的工具可以帮助科普创作者判断科技信息的质量，帮助他们获得更加全面的信息，从而把不同科技信息串联成一个完整的科普故事；再次，科普文本生产者还要借助相关工具来进行勘误与核查；最后，科普文本资源最终的载体不论是科普文章、图书还是影视音频作品的脚本，都需要借助特定工具来进行编辑、设计、排版、印制和推广。

（一）帮助获取科普文本资源的平台

科研成果数据库与科技成果科普发布平台是帮助科普文本作者获得并能从中

挑选更多科技信息的主要工具。本章前面已经多次介绍了包括 EurekAlert!系统、Alpha Galileo 系统、《自然》出版集团新闻网站、phys.org、sciencedaily.com 等在内的科技成果科普发布平台。虽然我国目前并没有这样的平台，但在不用特别考虑报道我国科学成果的情况下，通过上述国际科普信息发布平台，我国科普创作者也能获取大量用于科普文本生产的科技信息。

除上述的科技信息科普发布平台外，科研成果数据库也是获得并验证科技成果的主要工具。科研成果数据库一般分为科技期刊出版商开办的期刊数据库、出版商开办的图书数据库和专利管理者经营的专利数据库。世界各大出版商一般都会有自己专属的涵盖图书和期刊的科技出版资料全文数据库，如爱思唯尔公司的 ScienceDirect、威立公司的 Wiley 平台、著名文科出版商塞奇（Sage）公司的 Sage 平台，以及德国出版巨头施普林格与《自然》出版集团合并后形成的 Springer Nature 科技期刊著作平台。我国的万方、维普和同方也是内容非常丰富的科技期刊数据库。

除上述的全文数据库外，科普创作者可以利用的数据库还包括引文数据库，这方面世界上最大的两个平台，分别是科睿唯安公司的 Web of Science 和爱思唯尔公司推出的 Scopus 引文数据库。我国的专业引文系统主要有同方系统和万方系统，其中同方系统更偏重人文社会科学及一些工程类刊物，而源自中国科学技术信息研究所的万方系统，收录了更多的自然科学类刊物。但近年来这两个引文数据库都进行了极大的扩展，同方系统也包括大量自然科学类刊物的引证信息，相对而言，万方系统收录的人文社会科学期刊仍然比较有限。

此外，谷歌公司推出的谷歌学术（Google Scholar）也是一个引文数据库，但并非作为商业产品来营运，虽然收录的印证文献数量要比 Web of Science 和 Scopus 范围大得多，但缺乏对被收录信息的专业鉴别，因而谷歌学术更适用于探索数量大得多的文献及其引证关系，但没有办法确保被收录信息的专业性。我国的百度学术也是类似谷歌学术的在线引文数据库，收录的中文论文数量比谷歌学术多很多，但收录的其他国家语言文字的学术引文信息则少很多。

与 EurekAlert!等科普文本发布平台不同，科技信息数据库主要面向专业人士，具有一定的门槛。但这些数据库涵盖的信息更加全面，科普文本生产者可以通过它们获得数量更大的信息，还可以通过查阅这些数据库，获得特定科研题材所发表期刊的权威性。也能通过引文数据库来获取科研议题或科研团队之间的引用关系，从而有助于厘清特定科研成果的发展。当然，如果缺乏对学科背景的了解，单纯看引文数据库是不能肯定这种关系的，因为随着学术文献数量越来越多，专业科技文本（论文、图书）中的很多引用，可能仅仅是用来说明作者注意到相关研究，故仍然需要通过对专业人士的采访（或非正式交谈）来确定这种学术脉络。

（二）科普文本资源的勘误与核查工具

对科普信息进行勘误与核查是确保信息质量和提升信息可信度的重要环节。科普文本资源的开发与利用，勘误和核查必不可少。在这方面，既需要科普创作者（或编辑）借助访谈或向专业人士请教来获得直接的指导，也需要借助各种工具。

对科普信息进行勘误与核查的工具首先是互联网，特别是专业机构网站或公众号，以及科技类报纸、科普期刊与专业科技期刊。通过核实这些来源，可以确定科普信息的初次来源是一篇研究报告、一次科学实验还是一个官方声明，以及是否有权威出处。最可靠的信息往往来自被同行评议的科学期刊或官方机构。通过这样的工具还可以核查科技信息的作者，了解信息作者的背景，包括他们的学术资历和在相关领域的专业经验。在这种情况下，科普创作者应优先考虑那些已经在其研究领域建立了信誉的专家和机构给出的信息。

对科普信息进行勘误与核查的工具，还包括上面介绍过的科技信息数据库（但不是科技信息科普发布平台）。通过这些数据库，可以查阅并核实各种引用资料。科普信息中常常会引用其他资料，因此应核查这些引用的原始出处，以确保引用的准确性和信息的真实性。

事实核查网站是新近兴起的对科普信息进行勘误与核查的工具。在国外，专门的事实核查网站，如 Snopes、FactCheck.org 等，多年来为广泛的声明和信息提供了核查服务，但近年来这些综合事实核查网站纷纷开设了专门的科学事实核查功能。最负盛名的 FactCheck.org 就开设了专门的 SciCheck 子频道（https://www.factcheck.org/scicheck/），致力于对各类科技信息的核查。

在我国，传统上并没有综合的事实核查网站，但中国科学技术协会、国家卫生健康委员会、应急管理部和国家市场监督管理总局等部门联合主办的科学辟谣平台，起到了一定的事实核查的作用。作为中国科学技术协会的窗口，"科普中国"也承担起了科学辟谣职能。当然，科学辟谣平台通常只对网上广为流传的伪科学、不实信息进行勘误，而不会对媒体或主流机构的与科学相关的表述和信源进行核实，职能仍然有待拓展。

进行科普信息的勘误与核查是一项细致且必要的工作，需要综合考虑诸多因素，并且需要拥有良好的批判性思维。做好这一点可以有效地避免误信和传播假信息，为公众提供准确、可靠的科学知识。

（三）科普文本资源的权威评议和同行评议工具

要确保科普文本的准确性、科学内容的代表性、科学观点的权威性，并进行上述内容的勘误与核查，都可以依赖同样的工具——权威机构。如有必要，可以直接联系与科普信息相关的研究机构或专业组织，以获取官方的确认或澄清。

当然，大多数科普创作者缺乏通道直接咨询权威机构。在欧美国家，肇始于英国的民间机构科学媒介中心所推出的促进科学界、科学家与记者和媒体的互动平台可以成为促进科普文本资源实现权威评议的工具。科学媒介中心依托全英国的数百家科研机构，致力于通过媒体反映科学的实际进展并平息各种公众的疑惑。该中心在确保英国的克隆技术、低碳技术和人工智能技术在迅速发展的过程中获得广大公众的接受和认可上发挥了巨大的作用，以至于英国首相有时也会借助该中心发布科技政策议程。能做到这一点，该中心主要凭借的是在科研机构支持下，能向媒体于科学事件发生后的第一时间提供准确、权威和可靠的信源与相关知识。例如，2011 年日本福岛核事故发生后，科学媒介中心迅速组织核领域的权威科学家应对媒体询问，有效地缓解了公众的恐慌（Wang et al.，2023）。新冠疫情发生后，科学媒介中心也通过为记者提供权威和及时的信源，在化解公众对新冠疫苗接种的担忧方面发挥了重要作用（Fox and Nielsen，2022）。在没有重大事件发生时，科学媒介中心则在沟通媒体与科学界，以及增强各自的科学传播、科学报道能力方面发挥着常规作用。英国科学媒介中心取得的巨大成功，使得该模式被加拿大、澳大利亚、爱尔兰、新西兰、日本等国家复制。随着传统媒体的衰落和自媒体的崛起，科学传播中介这样的平台在确保科学与科普（含科学报道）之间的准确沟通和科普的信源权威方面，发挥了日渐重要的作用。

另一个评议工具则帮助实现对科技新闻类科普文本作品的直接评议。美国麻省理工学院奈特科学新闻项目曾经运营的奈特科学新闻评议（Knight Science Journalism Tracker），每天都组织资深科普作家，对当天或前一天最重要的科技新闻进行专业点评。还有一个同行评议工具是由明尼苏达大学运营的平台，由医生、患者代表、患者家属和媒体同行组成一个评议组，对重要的健康新闻进行评议。上述两个科普作品同行评议工具由于资助问题，目前都已经停止运营，但其模式被越来越多的科普机构以分散化的方式继续进行。例如，美国的 Open Notebook 项目和英国的"科学智识"（Sense About Science），都在继续为科学报道同行提供包括同行评议在内的一系列科普创作的支持工具。

科普创作权威评议和同行评议工具，与科学事实核查与勘误工具不同，它们更多地着眼于科普作品的写作或创作及对科学新闻进行点评。目前，我国尚缺乏这类促进科普界与科技界进行沟通或促进科普界同行互助与专业能力建设的工具。

（四）科普文本资源的其他常见工具

科普文本资源利用，说到底是进行科普文本的创作。随着互联网共享工具的发展，现在已经有越来越多的免费或共享图文软硬件工具可以利用。例如，最为常见的 WPS 系统，科普作家基本可以凭借其免费版本完成大部分科普文本创作。对于数据管理而言，免费的腾讯表格和数据系统几乎具有了微软的 Excel 的大部分功能，还能与腾讯云盘相连接。由于在中国，腾讯的微信是几乎每个人都离不开的交流工具，因而通过微信使用腾讯云盘、腾讯文档和腾讯调查等工具也非常方便。腾讯云盘和百度云盘都有免费版本或者较低收费版本，可以用于大量数据的存储和共享。

在图形利用、设计和共享方面，近年来更是有各种工具可供使用，国际图形设计工具包括 Gravit Designer、Vectr、Inkscape 和 Canva 等。这些图形设计工具基本上都支持各类常用浏览器，既有电脑端也有手机端，可以进行照片编辑，提供调色板工具、字体组合选择，进行照片拼贴，添加信息图表，获取学习资源等，大多数也提供数以百计的免费设计元素和字体。当然，要享受更加专业和精细的服务就需要付费了。

国内的设计工具，如"美图秀秀"软件等，功能齐全，内容完备，可以帮助用户编辑各种各样的图片，有多种图片版式和文字可供挑选，可以制作出符合绝大多数科普文本创作需求的图片。此外，"天天 P 图"也是一款热门的修图软件，不仅可以编辑各种图片和文字，还可以根据创作者自己的喜好对图片和人像进行美化与修饰。

基于以上讨论，虽然我国科普文本资源开发还缺乏社会化工具体系，但我国蓬勃发展的科普事业、国家科普政策，以及初具规模的科普产业的支持，特别是数字化浪潮下各种数字化传播机构对科普事业的支持，仍然可以让科普文本资源开发的事业取得长足进展。

（五）利用文心一言、讯飞星火、ChatGPT 等大语言模型进行科普文本创作

随着科技的飞速发展，公众对科学知识的需求日益增加。利用先进的人工智

能技术，如 ChatGPT，可以大大提升科普创作的效率和质量。

ChatGPT 或文心一言等大语言模型可以在很多方面助力科普文本的创作与生产。首先，利用大语言模型阅读科技文献是最常用的手段。大语言模型具备强大的自然语言处理能力，可以帮助科普作者快速理解和总结科技文献的内容。将需要阅读的科技文献输入大语言模型中，大语言模型就可以解析文章内容，并提取关键信息。利用大语言模型的摘要功能，可以快速生成文献的简明摘要，帮助作者掌握文章的核心内容。通过大语言模型提取文献中的关键词，便于作者进一步研究和参考。科普作者还可以与大语言模型进行问答互动，深入了解文献中的复杂概念和技术细节。

将最新科研论文转化为通俗易懂的科学新闻是科普创作中的重要一环。大语言模型也可以在这一过程中发挥重要作用，包括语言简化、结构调整和添加背景信息等。就语言简化而言，大语言模型可以将科研论文中的专业术语和复杂句式转化为简单明了的语言，便于普通读者理解。结构调整的功能可以使论文更符合新闻报道的格式，包括标题、导语、正文和结尾等部分。添加背景信息指的是大语言模型可以根据文章内容，补充相关背景信息，使读者更好地理解科研成果的意义和影响。但无论大语言模型可以开展何种形式的工作，它都不能取代科普创作者的工作，因为它只能根据既往作品形成一个模板，但不能实际判断其撰写的特定信息是否具有可读性，是否真的能被读者理解。应该说，在科普化改造科研论文方面，大语言模型主要发挥的作用是为科普创作者指明常规的或标准路径，从而可以在一定意义上节约时间和精力。

大语言模型还有助于提高科普创作的趣味性。趣味性是吸引读者的重要因素。大语言模型可以通过以下方式让科普创作更加有趣：故事化叙述，即将科学知识融入故事情节中，使内容更具吸引力和生动性；多媒体整合，即建议使用图片、视频和图表等多媒体元素，增强视觉效果，提升读者的阅读体验；幽默元素，即适当加入幽默元素，增加文章的趣味性和亲和力。然而，大语言模型同样不能在促进科普创作的趣味性方面取代人类创作者，因为从根本上来说，大语言模型并不具有判断特定科技信息是否有趣或如何有趣味的能力。

大语言模型在很多方面还有助于科技资源的科普文本转化，但它们并不能取代人类作者。相反，人类科普作家与大语言模型的合作可以创作出更加优秀的科普作品。除上面提到过的简化内容、提供背景、生成摘要、迅速抓取关键信息外，还包括激发创意、校对内容及节约时间等。对激发创意而言，大语言模型可以提供多种创意建议，帮助作者拓宽思路，激发灵感。大语言模型可以协助校对和修订文章内容，提高文章的准确性和专业性。通过大语言模型自动生成初稿，科普作家可以节省大量时间，专注于内容的润色和优化。

尽管大语言模型在科普创作中有诸多优势，但也需要防止其被滥用。这包括确保信息真实性、尊重原创作者的版权、建立明确的伦理审查机制、防止大语言模型生成不当或有害内容等方面。总之，利用大语言模型进行科普创作，不仅可以提高创作效率，还能提升文章质量和趣味性。但在使用过程中，必须确保内容的准确性和真实性，并遵守相关伦理和法律规范。通过合理利用大语言模型，人类科普作家与人工智能合作，能够推动科普创作迈向新的高度，为公众提供更多优质的科学内容。

第四节　科普文本资源开发利用的总结

本章从科普文本资源科普转化的现状、存在的问题与解决方案、科普转化的国内开发案例、设计与开发的原则、流程与开发工具等方面，比较系统地勾勒出我国科普文本资源开发的基本格局，并为科普文本资源开发的机构和个人提供了可供参考的执行路径。科普文本资源的开发和利用，依赖科技界与科普界建立畅通的联系，搭建常规科普信息平台，以及科技与科普从业者之间的互动与反馈。总体上说，我国在科普图书出版和数字化科普内容开发方面，近年来虽然取得了巨大发展，但为科技界与科普界建立畅通联系的目标还未实现，这导致我国目前在科技资源的科普转化利用方面仍缺乏本土科研成果。

实际上，目前难以实现科技界与科普界为了科普资源利用而建立畅通联系的工作，这也反映了我国科普业界的现状，即科学家对科普的重视不够，科普得不到体制和专业认可，以及科普经费严重不足。尽管如此，我国以市场化的科普图书（含电子书等多媒体形式出版物）出版为代表的科普文本资源利用近年来仍然取得了很大成绩。数字化平台对科普文本的利用也显著增多。随着国家对科普事业的重视不断深化，科普政策的不断出台，尤其是国家对科研人员具有约束性的体现科普任务的科研基金经费管理办法不断强化，我们有理由相信，科普文本资源开发在我国正面临着新的机遇。这项工作也有望推动全国更加充分地利用好本土科普资源，讲好中国科学故事。

理解·反思·探究

1. 科技期刊、科技图书、科技报纸作为进行科普创作的科技资源，利用方式有什么差别？

2. 国内推动科技文本资源科普转化的平台还有待进一步完善的原因是什么？在进行科普创作时如何克服这一点？

3. 文本资源的科普转化，需要在理解科技论文的基础上遵循准确性、相关性和建设性、趣味性和易读性、均衡性、社会性原则。请问能否找出具体的案例来说明科普作品如何实现这些原则？能否找出一些已经发表的科普作品来说明没有妥善利用这些原则会导致作品的传播力受到影响？

4. 请利用 ChatGPT 或讯飞星火大语言模型，创作一篇基于某论文的科普作品。比较直接让大语言模型生成科普作品和在创作环节中利用大语言模型（比如让 ChatGPT 整理论文主要内容）两种方式孰优孰劣。

5. 请参照本章案例（比如人们为什么在吃饺子时会蘸醋），基于若干学术论文或已发表科普文章创作一篇科普作品，要把各种科技信源有机地统一到某一特定主题下，并对相关科学家进行采访。创作中可以探索各种方式利用 ChatGPT 或其他大语言模型。

本章参考文献

国家统计局. 2024. 国家数据：科技活动基本情况. https://data.stats.gov.cn/easyquery.htm?cn=C01&zb=A0N01&sj=1993 [2024-01-19].

韩婧，孟瑶，张通. 2023. 科技期刊实现资源科普化的路径探讨. 编辑学报，35（5）：487-491.

环球科学. 2023. 冬至吃饺子没毛病，但是为啥吃饺子就得蘸醋嘞. https://mp.weixin.qq.com/s/GlOEyLUjuMFFEXk518EkGA [2024-01-15].

贾鹤鹏，刘振华. 2009. 科研宣传与大众传媒的脱节——对中国科研机构传播体制的定量和定性分析. 科普研究，3（1）：17-19，21-23.

贾鹤鹏，王大鹏，杨琳，等. 2015. 科学传播系统视角下的科技期刊与大众媒体合作. 中国科技期刊研究，26（5）：445-450.

贾鹤鹏，赵彦. 2008. 沟通科技期刊与大众传媒：意义、方法与挑战. 中国科技期刊研究，19（4）：641-644.

科技部. 2024. 科技部发布 2022 年度全国科普统计数据. https://www.most.gov.cn/kjbgz/202401/t20240111_189336.html[2025-02-13].

马宇罡, 苑楠. 2021. 科技资源科普化配置——科技经济融合的一种路径选择. 科技导报, 39（4）: 36-43.

齐昆鹏, 张志旻, 贾雷坡, 等. 2021. 国外主要科学资助机构推动科研人员参与科学传播的做法与启示. 中国科学院院刊, 36（12）: 1471-1481.

任福君. 2009. 关于科技资源科普化的思考. 科普研究, 4（3）: 60-65.

苏青, 高健, 黄永明, 等. 2008. 构建最新科研成果大众化传播的有效机制——中国科协科技期刊与新闻媒体见面会实施情况评述. 科技导报, （21）: 21-25.

谭一泓, 贾鹤鹏, 王大鹏. 2022. 媒体报道与我国期刊影响力关系的实证分析——基于科技期刊传播力提升的视角. 中国科技期刊研究, 33（10）: 1425-1431.

王大鹏. 2023. 愿景与门道: 40 位科普人的心语. 南京: 江苏凤凰科学技术出版社.

张九庆. 2011. 关于科技资源科普化的思考. 山东理工大学学报（社会科学版）, 27（1）: 38-40.

张学波, 吴善明. 2018. 广东省科技资源科普化现状及对策研究. 科技传播, 10（1）: 170-172.

中国科学技术协会. 2022. 中国科技期刊产业发展报告（2021）. 北京: 科学出版社.

Blum D, Knudson M, Henig R M. 2005. A Field Guide for Science Writers: The Official Guide of the National Association of Science Writers. 2nd Edition. London: Oxford University Press.

Boykoff M T, Boykoff J M. 2004. Balance as bias: global warming and the US prestige press. Global Environmental Change: Human and Policy Dimensions, 14（2）: 125-136.

Curcic D. 2023. Number of Academic Papers Published Per Year. https://wordsrated.com/number-of-academic-papers-published-per-year/#:~:text=It%20is%20estimated%20that%20at,%2C%20reviews%2C%20and%20conference%20proceedings[2024-01-16].

Dunwoody S. 2021. Science journalism: prospects in the digital age//Bucehi M, Trench B. Routledge Handbook of Public Communication of Science and Technology. 3rd edition. London: Routledge.

Fox F. 2012. Practitioner's perspective: the role and function of the Science Media Centre// Trench B. The Sciences' Media Connection—Public Communication and Its Repercussions. Netherlands: Springer.

Fox F, Nielsen R. 2022. Our Podcast: from COVID-19 to Climate: Helping Journalists Understand Science. https://reutersinstitute.politics.ox.ac.uk/news/our-podcast-covid-19-climate-helping-journalists-understand-science[2024-01-16].

Gopen G D，Swan J A. 1990. The science of scientific writing. American Scientist，78（6）：550-558.

Hayden T，Nijhuis M. 2013. The Science Writers' Handbook：Everything You Need to Know to Pitch，Publish，and Prosper in the Digital Age. New York：Da Capo Lifelong Book.

Schäfer M S. 2011. Sources，characteristics and effects of mass media communication on science：a review of the literature，current trends and areas for future research. Sociology Compass，5（6）：399-412.

Suleski J，Ibaraki M. 2010. Scientists are talking，but mostly to each other：a quantitative analysis of research represented in mass media. Public Understanding of Science，19（1）：115-125.

Wang L F，Yue M M，Wang G Y. 2023. Too real to be questioned：analysis of the factors influencing the spread of online scientific rumors in China. Sage Open，13（4）.

第三章

科普图像和影音资源

要点提示

本章围绕科普图像和影音资源展开论述，介绍相关的概念、特征及现存的问题，并辅以必要的案例介绍国内外科普图像和影音资源开发的状况，最后通过实际操作介绍如何开发科普图像和影音资源。

学习目标

1. 了解科普图像和影音资源开发的概念、范围、特征等。
2. 了解科普图像和影音资源开发的现状，并能够找到身边的案例。
3. 能够掌握科普图像和影音资源开发的方式与方法。

随着新技术的不断演进与公众获取信息渠道的变化，我们进入了一个读图甚至是读频的时代。在对科学内容进行传播的过程中，富含科学要素的图片和视频在满足公众视觉情感价值的同时，也有效地传播了科学知识、科学精神、科学方法、科学态度等更上位的科学内涵。正所谓一图胜千文，甚至一频胜千图，科普图片和影音资源延展并丰富了传统的传播内容，能够有效地助力科普工作高质量发展。

2022 年 9 月，中共中央办公厅、国务院办公厅印发的《关于新时代进一步加强科学技术普及工作的意见》指出，要"加强科普作品创作。以满足公众需求为导向，持续提升科普作品原创能力。依托现有科研、教育、文化等力量，实施科普精品工程，聚焦'四个面向'创作一批优秀科普作品，培育高水平科普创作中心。鼓励科技工作者与文学、艺术、教育、传媒工作者等加强交流，多形式开展科普创作。运用新技术手段，丰富科普作品形态。支持科普展品研发和科幻作品创作。加大对优秀科普作品的推广力度"。同时，2021 年 6 月国务院印发的《全民科学素质行动规划纲要（2021—2035 年）》中，"科普信息化提升工程"被列为"十四五"时期实施的五项重点工程之一。该纲要在"实施繁荣科普创作资助计划"部分提出"支持面向世界科技前沿、面向经济主战场、面向国家重大需求、面向人民生命健康等重大题材开展科普创作。大力开发动漫、短视频、游戏等多种形式科普作品"。科普图像和影音资源作为可以与新技术手段密切结合的重要科普作品形态，发展前景广阔。

本章围绕科普图像和影音资源展开系统论述，首先概述科普图像和影音资源的范围、特征与现状等基本情况，进而以案例形式探讨国内外科普图像和影音资源开发的有关情况，最后结合一些实际案例，分析如何做好科普图像和影音资源的设计与开发。

第一节　科普图像和影音资源概述

一、科普图像和影音资源的范围

科普图像和影音资源作为重要的科普内容，可以借助视觉和听觉媒介，生动、直观地传递科学知识和理念，激发公众对科学的兴趣。在我国，科普图像和影音资源在科普资源中占据着重要地位，发挥着举足轻重的作用。

回顾我国科普图像和影音资源的发展历程，可分为四个阶段：初创期、发展期、成熟期和拓展期。初创期为 20 世纪 50 年代至 70 年代末，这一时期开始尝试以科普漫画、科普插画等形式进行科学知识传播；发展期为 20 世纪 80 年代到 20 世纪末，科普图像和影音资源开始多样化发展，涵盖图书、电视节目、广播等多种形式；成熟期为 21 世纪初以后，各类图影科普作品层出不穷，品质逐步提升，形成了较为完善的创作体系；当前正处于拓展期，科技创新推动了科普图像和影音资源呈现跨界、融合、互动的特点，进一步拓宽了图影科普作品的传播渠道和范围。

（一）科普图像资源

科普图像资源指的是以各类科学插画、科学漫画、科学图表、科学摄影、科学动画等视觉形式呈现的科学内容，它们通常简洁、直观地展示科学概念、科学现象或者科学原理，帮助读者更好地理解科学内容。科普图像在科普中具有重要作用，能够吸引读者的注意力，提高读者的阅读兴趣，使科学知识更易于理解和记忆。科普图像的范围广泛，涵盖多种视觉表现形式。根据科普目标和表现形式的差异，可以将科普图像分为以下几种类型。

1. 科学插画

科学插画是一种通过视觉手段传达科学知识、原理、现象和实验过程的绘画艺术，旨在以准确、清晰、形象的方式呈现复杂的科学概念，使受众能够更好地理解和掌握相关知识。科学插画在科学普及、学术研究和科学教育中发挥着重要作用。如图 3-1 展现的是被誉为"中国植物画第一人"的著名植物科学画家曾孝濂创作的植物科普插图《百合花》。

图 3-1　《百合花》（作者：曾孝濂）

2. 科学漫画

科学漫画是一种以漫画形式展现科学知识、科学原理、科学现象及科学探索过程的独特视觉艺术形式。这类漫画通常运用幽默、夸张、拟人化等手法，将复杂的科学概念和原理转化为易于理解、富有创意的表现形式，激发公众对科学的兴趣和探索精神，提高公众的科学素质。

科学漫画的一个重要特点是题材广泛，可以涵盖自然科学、社会科学、人文科学等各个领域。例如，《超级大脑在想啥？漫画病菌、人类与历史》（图 3-2）是一部由科普漫画家陈磊（网名：混子哥）与著名医学专家张文宏携手创作的科普漫画佳作。该书以通俗易懂、幽默风趣的漫画形式，巧妙地以瘟疫视角，揭示了人类历史进程中的点点滴滴。全书内容生动有趣，令人沉浸其中，爱不释手。

图 3-2 《超级大脑在想啥？漫画病菌、人类与历史》（作者：陈磊·混知团队、张文宏）

3. 科学图表

科学图表是一种将抽象数据转换为图形、图表等形式的数据可视化工具，目的在于协助读者更直观地洞察数据背后的规律和趋势。科学图表以清晰性、精确性、可读性和客观性为特点，展示科学数据、实验成果和理论模型。科学图表主要包括曲线图、柱状图、散点图、饼图等，它们以直观且简洁的方式呈现科学研究过程中的发现和结论。在科普领域，科学图表发挥着重要作用，有助于读者更深入地理解和掌握研究内容。例如，英国 DK 出版社出版的《万物时间线》（*Timelines of Everything*）中关于人类先祖发展的图表采用曲线形时间轴设计，背景模仿石器时代的洞窟壁画风格，为画面赋予强烈的代入感，读者可从中直观了解人类发展的基本历程。

4. 科学摄影

科学摄影是一种记录科学现象、科学实验和科学发现的视觉创作方法。科学摄影作品被广泛应用于众多领域，如生物学和医学、天文学、物理学、地球科学、环境检测、考古学等。

科学摄影作品可以真实地呈现科学研究对象及其相关现象，为科普提供可靠的资料，增强科普内容的真实性和可信度；科学摄影可以通过捕捉精美直观的图像，激发公众对科学的兴趣，拓宽公众的视野，大幅提升科普的效果，增加科普的吸引力；科学摄影作为一种跨学科手段，可以将不同领域的科研成果以图像形式展示出来，促进跨学科间的交流与合作。例如，星球研究所与中国青藏高原研究会联合出品的典藏级国民地理书《这里是中国》，其中就包含精美的摄影图片。全书通过对 365 处极致风光瞬间的捕捉，以宏大的地理格局，引导读者深入了解中国的过去、现在以及充满希望的未来。这部作品堪称一部独具特色的人文地理百科全书。

5. 科学动画

科学动画是一种通过连续图像或影片展示科学概念、过程或现象的媒体形式，主要目的在于以直观、生动的方式向观众传递科学知识和信息。科学动画以生动的图像、动作和丰富的声音，辅助阐释复杂概念，展示实验过程。科学动画将教育与娱乐相结合，为受众呈现一场引人入胜的科学盛宴。在制作过程中，研究人员和动画师通常依据科学研究成果，运用动画技术，确保内容的科学性和准确性。未来，随着数字技术的快速发展，科学动画有望取得长足进步，虚拟现实技术、增强现实（augment reality，AR）技术的融入将为实现更加真实和沉浸式的学习体验提供支持。例如，《寨卡病毒》（图 3-3）以动画形式在短短几分钟内向公众阐述了寨卡病毒的概念以及如何进行有效防护。整个动画逻辑清晰，知识点讲解准确，有助于提高人们对冠状病毒的基本认识，非常适合非专业人士观看。

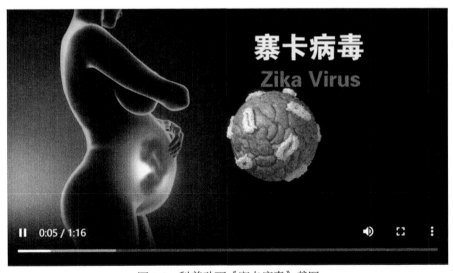

图 3-3　科普动画《寨卡病毒》截图

（二）科普影音资源

科普影音资源是指以音频和视频等形式呈现的科学内容，包括科普音频、科普讲座和演讲视频、科学实验和演示、科学纪录片和影片、科普短视频等。相对于传统的文字和图片，影音资源更加生动、形象、直观，能够更好地展示科学现象和科学原理，使读者在听和看的过程中，获得科学知识的熏陶和启迪。同时，影音资源更有利于激发受众的好奇心和探索欲，培养公众的科学方法和科学精神。科普影音资源的范围广泛，涵盖多种表现形式。根据内容和表现形式的差异，可以将科普影音资源分为以下几种类型。

1．科普音频

科普音频是主要以音频为传播方式，致力于向公众传播科学知识、提升科学素质的各种广播、播客、讲座等。这些音频节目通过专业解析、生动案例展现、互动问答等形式，使听众在聆听过程中掌握科学原理、认识科学现象、培养科学思维。作为一种有效的科普途径，科普音频具有知识性、通俗性、趣味性、互动性等特性。随着科技的不断进步，科普音频资源的传播渠道和载体日趋多样化，如网络广播、手机应用、智能音箱等，从而使科普传播变得更加便捷高效，有利于科学知识在广大受众中传播和普及。以喜马拉雅 APP 上播放量最高的科普类音频节目《科普有道》为例，该节目由"科普中国"打造，每周周一、周三、周五 9 点更新，截至 2023 年底共发布音频 1265 条，全网播放量已达 3.63 亿次。

2．科普讲座和演讲视频

此类资源包括科技工作者和科学家的演讲、讲座及研讨会等。这些活动通常以音频或视频形式呈现，涵盖物理学、生物学等学科领域，旨在为公众提供科学知识，展示科学家的研究方法和科学态度。2020 年，中国科学技术协会推出全新品牌"科创中国"，致力于将科技创新与科普相结合。同年，"科创中国"联手抖音等新媒体平台，创办《科创中国·院士开讲》栏目，为知名院士参与科普提供全新的媒体平台，如 2024 年 1 月 1 日的"2024 第一堂科普课"等科普演讲活动。在"2024 科学跨年夜"活动中，中国科学院院士汪景琇、中国工程院院士刘大响等 8 位两院院士和科技工作者纷纷走上讲台，解读"大国重器"的奥秘。

3. 科学实验和演示

此类资源是以实验为基础，通过实际操作与展示，结合视觉和听觉方式，向观众呈现科学知识、科学原理及科学方法的视频作品。科普视频通过实验的趣味性、创新性和艺术表现力，提升公众对科学的兴趣和认知。比如航天员王亚平在"天宫课堂"为青少年观众演示太空浮力实验的场景，以及我国后续开展的多次太空授课活动，这些都是科学实验和演示的优秀案例。

4. 科学纪录片和影片

科学纪录片和影片通过讲述科学故事、展示科学成果及科学发展的历程，向观众普及科学知识和科学观念。这些作品通常涵盖历史、地理、自然、人类学等领域的知识，以及科学家和发明家的生平事迹。一些知名科学纪录片和影片，如知名纪录片导演李成才和周叶携团队制作的纪录片《影响世界的中国植物》，秉持让科学在纪录片中生动地流淌的理念，将科学与艺术有机地融合在一起。英国广播公司（British Broadcasting Corporation，BBC）制作的自然纪录片《地球脉动》，展示了地球上丰富的生态系统的壮观景象及多种生物的生活习性。《宇宙时空之旅》是由著名天文学家尼尔·德格拉塞·泰森（Neil de Grasse Tyson）博士主持的科普故事系列，阐述了人类如何探索自然法则并在宇宙与时间中找到自己的位置。该作品生动地讲述了极具开创性的故事，展现了对知识的伟大探索，引领观众步入新的世界，穿越宇宙，呈现出宏伟与细微的视角。

5. 科普短视频

科技与互联网的飞速进步推动了抖音、快手、哔哩哔哩（bilibili，简称B站）等短视频平台的快速发展。如今，新媒体短视频逐渐成为人们日常生活的一部分，科普领域也紧跟时代潮流，创新传播方式。从传统的图文走向现今的短视频，科普形式逐渐多元化，科普短视频为科普赋予了新的活力，它将深奥的科学知识融入大众视野，使其更具生活化和实际性。作为移动互联网时代科普与媒体融合的产物，科普短视频极大地拓展了科普渠道，改变了科普工作的主体、途径和传播模式，是深化科普供给侧结构性改革、构建科学素质建设体系的关键手段。例如，抖音知名科普博主"无穷小亮的科普日常"发布的系列科普短视频《亮记生物鉴定》（图3-4），自2020年4月17日起更新。截至2025年6月，该账号在抖音拥有2500多万粉丝，总计获得2.1亿次点赞，互联网科普传播影响力广泛。未来，随着科技与媒体融合的不断深化，科普短视频有望继续发挥重要作用。

图 3-4 《亮记生物鉴定：网络热传生物鉴定 50》视频截图（作者：无穷小亮的科普日常）

综上所述，科普图像和影音资源丰富多样，包括各种视听表达方式，在科普中扮演着关键角色，有助于观众更深入地理解和掌握科学知识。此外，科普图像和影音资源还能激发观众对科学的兴趣，培养科学精神，使他们在探索科学的过程中感受到乐趣，受到启发。

二、科普图像和影音资源的特征与现状

（一）科普图像和影音资源的特征

科普图像和影音资源作为一种重要的非文字载体，具有直观、生动的特点，能够有效地辅助科普传播，提高受众的学习兴趣和理解能力。当下，我国科普图

像和影音资源具有如下特征。

1. 形式多样性

科普图像和影音资源呈现出多样化的表现形式，包括但不限于插图、漫画、可视化数据、科学摄影、科学动画等。此外，科普纪录片、科普讲座、科普短视频等诸多形式也为公众提供了丰富多样的科学内容，能够满足不同受众群体的需求。在创作和传播过程中，应充分考虑受众的年龄、教育背景、地域文化等因素，以提高科普工作的针对性和有效性。

2. 互动性

随着互联网技术的不断进步，科普图像和影音资源逐步展现出较强的互动性。观众不再是被动的观赏者，而是可以通过多个网络平台，积极投身于科学实验、模拟和游戏之中，进而大幅提升科学体验感及参与程度。此外，互动性科普资源还能增强用户黏性，激发受众的好奇心和探索精神，培养受众的科技创新能力。

3. 实时性

科普图像和影音资源具有实时传播最新科学发现与研究成果的特性。除此之外，实时的科普资源还能够帮助公众更深入地理解科学领域的热点问题和争议，进一步提升科学认知水平。

4. 跨学科性

近些年，科普图像和影音资源在内容上呈现出显著的跨学科性特点，科普资源不仅覆盖自然科学领域，还延伸至社会科学和人文科学等领域，为公众提供全面丰富的科学知识。科普资源的跨学科性使其打破了传统学科间的壁垒，促进了众多领域的交叉与发展，更有利于公众全面了解和掌握各类科学知识，为科技创新打下坚实的基础。

5. 普及性

科普图像和影音资源的核心目标在于普及科学知识，因此它们通常采用简洁、直观的表达方式，以降低科学内容的门槛，使之更易于为广大公众所理解和接受。只有真正惠及广大公众，让科普内容走进公众的生活，才能打破科学与公众之间的隔阂，摆脱专业壁垒，实现全民科学素质的持续提升。

（二）科普图像和影音资源的现状

随着科技的发展和互联网的普及，科普图像和影音资源在创作数量与形式种类上呈现出快速增长的态势。各种各样的科普资源通过各种平台和渠道传播，为公众提供了丰富的科学知识和科学体验。同时，越来越多的专业人士和机构开始重视科普工作，积极参与科普资源的创作和传播。当前我国科普图像和影音资源的发展状况如下。

1. 总量增加

作为国家发展的重要推动力，科技创新的价值和作用日益突出，科普在推动科技创新成果的广泛应用和传播方面发挥着关键作用。在国家对科普的重视及各项政策支持的背景下，社会力量的积极参与推动了我国科普图像和影音资源总量的持续增长。各类科普图像和影音资源，如纪录片、动画、短视频、图片、插图等覆盖了各个学科领域，为公众提供了丰富的选择。中国科普研究所和抖音联合发布的《2024短视频平台共创知识传播新生态报告》数据显示，以抖音平台为例，仅2024年1月新生成的知识类短视频内容数量就超过3.37亿个，比2023年7月增长30%。这些知识类短视频聚集了科普、卫生健康、个人理财、历史文化等方面的知识。

2. 质量提升

近年来，我国科普图像和影音资源质量显著提高，这主要得益于政府及相关部门对科普资源制作的大力支持，通过制定相关政策和标准与规范为科普传播提供有力保障。此外，互联网、大数据、人工智能等技术的应用，为科普图像和影音资源的创作、传播和存储带来了新的可能性。随着公民科学素质的不断提升，公众对相关科普图像和影音资源的质量要求也相应提高，从而推动了科普创作者致力于提升科普质量。此外，越来越多的专业人才投身于科普图像和影音资源的创作与研究，他们丰富的理论知识与实践经验为科普图像和影音资源质量的提升提供了人才保障。抖音联合巨量算数发布的《2022抖音知识数据报告》显示，2022年有45位院士、4位诺贝尔奖得主通过抖音分享科学理论和研究成果，抖音上认证的教授更是接近400位。清华大学经济管理学院经济系副教授韩秀云、华中师范大学文学院教授戴建业、同济大学物理系教授吴於人在抖音上均拥有数百万粉丝。

3. 科学性增强

为提高科普资源的科学性和严谨性，科普创作者与制作团队在科普图像和影音资源的制作过程中，十分注重深化与科研机构和科研专家学者之间的大力协作，从而确保所提供科普内容的准确性和权威性。中国科普研究所和抖音联合发布的《2024 短视频平台共创知识传播新生态报告》数据显示，以抖音平台为例，截至 2024 年 1 月，"知识达人"数量超过 30 万人，越来越多的高等教育机构、科普机构利用短视频平台传播和分享知识。根据《2023 年抖音科技馆数据报告》，全国有超 100 家科技馆与抖音达成合作，省级科技馆超九成已入驻抖音平台。根据《2023 抖音公开课学习数据报告》，147 所国内"双一流"名校中，有 137 所入驻抖音平台，覆盖率达 93.2%。

4. 分众市场扩大

在我国科普工作不断深化的背景下，科普传播领域对市场细分的关注度日益提升。创作者和团队越来越重视受众的喜好与需求，针对不同年龄段、教育背景及地域文化特点，积极创作具有吸引力且针对性强的多层次、多样化科普作品，进一步推动科普向深层次、精细化方向发展。

5. 更新速度加快

科普资源的价值在于其与科学发展的紧密关联，因此，同步更新和优化科普资源以适应科学发展的步伐显得尤为关键。当下，许多科普创作者和专业团队已经认识到这一要点，致力于及时更新和完善科普内容。在科普资源更新过程中，创作者紧跟最新科研成果，将最新的科学知识融入科普内容，使之更具时效性和针对性。同时，创作者注重关注受众反馈，了解受众需求和兴趣点，优化科普内容的呈现方式，提升作品吸引力。最后，创作者还充分重视科普资源的跨学科整合，以多元视角展现科学知识，拓宽受众的认知视野。

6. 传播渠道拓宽

科技进步推动科普图像和影音资源传播途径的多样化。除传统的图书、期刊、电视和广播之外，互联网、移动终端、社交媒体等新媒体平台也被纳入了传播范围。大数据与人工智能技术在科普传播中的运用，使创作者能够根据受众兴趣与需求进行个性化推荐。此外，智能算法有助于优化传播路径，提升科普内容传播效率，并实现精准投放。传播渠道的扩展使得科普传播更加便利，覆盖面更广，受众可以按照自身喜好和时间安排学习，从而极大地提高科学资源的普及率。

三、科普图像和影音资源存在的问题

在科技与互联网迅猛发展的背景下，我国科普图像和影音资源在传播科学知识方面取得了显著成果，但仍存在一定的问题，以下是对这些问题进行的分析。

1. 内容质量参差

尽管科普图像和影音资源种类繁多，但质量上存在较大差距。一部分资源过于简单直白，缺乏深度，无法满足不同层次受众的需求；另一部分资源则过于专业和晦涩，难以理解，使得普通公众望而却步。

2. 创新性不足

许多科普图像和影音资源在形式及内容上与传统科普资源相差无几，缺乏新颖性与创新性。这导致科普资源在吸引受众方面存在一定局限，难以激发公众对科学知识的兴趣。

3. 传播渠道有限

尽管互联网为科普资源传播提供了广阔平台，但仍有许多地区和人群难以接触到优质科普图像和影音资源。特别是在农村及边远地区，科普图像和影音资源的普及程度尚待提高。

4. 专业化人才不足

科普图像和影音资源制作涉及多个领域，如科学、艺术、设计、传播等。然而，我国目前尚无充足的科普专业人才，导致科普资源制作水平整体不高，专业性不强。

5. 投入不足

尽管近年来科普受到越来越多的关注，政府和社会投入持续增加，但相较于其他领域，对科普图像和影音资源的投入仍相对较少。这使得优质科普资源的开发与推广受到限制且缺乏持续投入，进而导致科普项目难以长期稳定发展。

6. 评估体系不完善

当前我国科普评估尚未形成完整的理论体系和实践指南，缺乏统一、规范的

评估标准和方法。我国对科普图像和影音资源的评估主要侧重于收视率、点击量等量化指标，较少关注受众的实际收获与反馈。这可能导致科普资源制作者在创作过程中过于追求表面效果，而忽视实质内容的提升。科普评估主体也主要集中在政府、科普机构和学术界，较少吸纳公众、企业等多元主体的参与，这就导致评估结果不够全面和客观。

7. 合作与交流不足

我国科普图像和影音资源尚未形成良好的产业链，行业内合作交流与协同创新不足，资源配置不合理，难以实现资源的有效整合和优化配置。

针对以上问题，科普图像和影音资源的制作与传播应注重提高内容质量，鼓励不断创新，及时更新和拓宽传播渠道，注重培养专业科普人才，持续增加对科普的投入，完善评估体系，加强业内外的合作与交流，实现资源的优化配置，这样才能使科普资源更好地服务于科普，提高公众的科学素质。

第二节　科普图像和影音资源开发案例

一、科普图像开发案例

（一）美国国家航空航天局科普图像开发案例介绍

美国国家航空航天局（National Aeronautics and Space Administration，NASA）作为美国的政府机构，不仅将科普列入了自身的战略规划，还成立了专门的科普支持办公室，设立了"NASA 艺术"（NASA Art）项目，通过 60 余年的传播实践，成为美国政府机构中最受欢迎的"网红"部门，无论是科普作品的数量还是影响力都非常突出。NASA 通过 NASA Art 项目创作了许多引人入胜且信息量十足的科普图像，这些图像设计与开发的过程对于如何开展科普图像的创作具有重要启示作用。因此，本部分基于对 NASA 科普图像设计与开发的研究，展示如何将科研成果转化为直观的科普资源，以及如何进一步利用科普图像提升科普工作的吸引力和影响。

科普图像作为一种直观、生动的传播方式，能够跨越语言和文化的障碍，直接与公众产生共鸣。NASA 的科普图像以震撼的视觉效果和深刻的科学内涵，成功地将遥远星系、神秘黑洞等宇宙奇观带入公众视野，激发人们对科学探索的无限好奇。从微信登录界面的地球照片，到宇航员登月的脚印、旅行者号回望地球的"暗淡蓝点"、冥王星的心形平原乃至各类印刷品上的星空背景板……NASA"出圈"的科普图像数不胜数。

在众多经典科普图像中，有一幅兼具历史意义和美学价值，那就是哈勃太空望远镜拍摄的《创生之柱》（图 3-5 和图 3-6）。

图 3-5　1995 年哈勃太空望远镜拍摄的《创生之柱》

　　（a）1995年　　　　　（b）2014年　　　　　　　（c）2022年
图 3-6　NASA 在不同年代拍摄的《创生之柱》

《创生之柱》位于距地球约 6500 光年的鹰状星云内，作为 NASA 最有名的图像之一，它巨大的结构和惊艳的细节在当时给公众带来了巨大的震撼。

　　然而这张震撼的图像并不是原始图像，哈勃太空望远镜拍摄的原始图像不仅没有色彩，反而充斥着噪点与杂乱的线条（图 3-7），很难让人将其与美丽的星空图像联系起来。

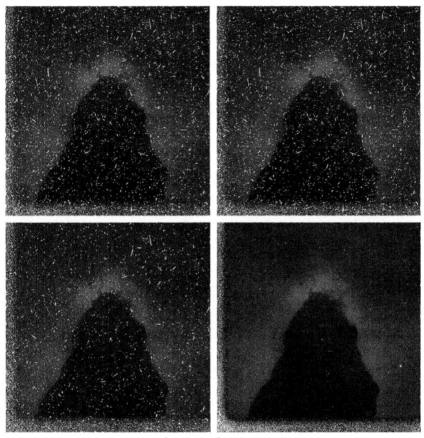

图 3-7 《创生之柱》的部分原始图像

　　哈勃太空望远镜 1995 年拍摄的图像处理是由亚利桑那大学的学者保罗·斯科文（Paul Scowen）和杰夫·赫斯特（Jeff Hester）完成的，他们将哈勃太空望远镜的广角行星照相机 2 号拍摄的 32 张图像进行堆栈，消除宇宙射线干扰和噪点，通过消除几何扭曲、镜头接缝等处理步骤，将科学数据转化为视觉艺术作品，提升了科普图像的吸引力。

　　1962 年 3 月，时任 NASA 局长的詹姆斯·韦伯（James Webb）委派艺术家詹姆斯·迪恩（James Deen）开展了一项以"太空艺术"为主题的征集活动，要求他积极寻找艺术家与 NASA 共同开展科普图像的创作，此项目鼓励科学家、工程师和艺术家之间进行合作与交流。艺术家不仅有机会近距离接触NASA任务的幕后情况，包括穿戴航天服、观看火箭发射和返回舱着陆活动，还能与科学家和宇航员会面。因此，一批原本为科幻杂志绘制插画的艺术家接受了NASA科学家的专业指导，为NASA创作了大量的科普图像。"太空艺术"项目涵盖了丰富的内容，包含对航天器、宇航员、卫星、空间站、栖息地，以及与人类太空航行相关的硬件的描绘。在此项目中，工程师提供专业知识和数据，艺术家则运用他们的创造力和艺术技巧将这些科学概念转化为视觉作品。时至今日，该项目依然致力于让社会组织和艺术家与NASA合作创作公共艺术作品。

（二）费利斯·弗兰克尔科普图像开发案例介绍

科普的核心在于如何将复杂的科学概念转化为易于理解且引人入胜的内容。费利斯·弗兰克尔（Felice Frankel）在这一领域树立了典范，她通过创作精美且具有科学意义的图像来展现科学的美妙与复杂。

费利斯·弗兰克尔，麻省理工学院化学工程系科学家，科学摄影与艺术融合领域的先锋。她拍摄的图像以独特、新颖的方式揭开了科学世界的奥秘，从纳米技术到磁现象研究，再到水滴的表面张力，她的作品主题广泛且深入。弗兰克尔的图像不仅出现在学术论文中，还广泛应用于科技期刊封面、书籍和展览中。例如，她的书籍《科学与工程摄影》（*Picturing Science and Engineering*）中不仅展示了她的摄影作品，还提供了关于科学图像制作的实用指南，致力于积极推广科学图像在科普中的应用。弗兰克尔的创作过程结合了科学与艺术，这样的科普不仅可以传递知识，更能激发公众对科学的好奇心和探索欲。因此，在她的作品中，复杂的科学现象被赋予了生命，通过精美的图像和生动的色彩，展现在公众面前。这种艺术化的处理方式，不仅让科普内容更加易于理解和接受，也极大地提升了科普的吸引力和感染力。

例如，在呈现嵌段共聚物变化过程时，不能简单地堆砌数据和图表，而是要巧妙地运用光线和色彩的变化，进而捕捉溶液蒸发过程中颜色微妙转换的瞬间（图3-8）。这样的作品，不仅能让公众领略到科学的魅力，而且能激发他们进一步探索科学的欲望。

通过显微摄影、数字成像等技术手段，弗兰克尔将复杂的科学概念转化为直观的视觉图像。在她看来，摄影——无论是宏观还是微观——都是科学研究过程中必不可少的工具，图像不仅更加直观，而且能够更好地引发观者的共鸣。例

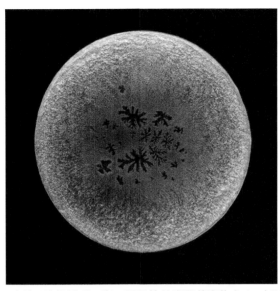

图 3-8　这是一系列照片的最后一张，展示的是嵌段共聚物在 24 小时内的变化过程

如，弗兰克尔使用扫描电子显微镜拍摄了大闪蝶翅膀鳞片的照片（图 3-9），一个更放大的版本显示了蝴蝶翅膀鳞片的更多细节，这些鳞片由于其表面微观结构而呈现蓝色。这些图像不仅展示了蝴蝶翅膀的微观结构，更帮助科学家更好地解释了他们的研究成果。

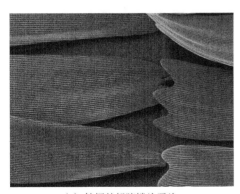 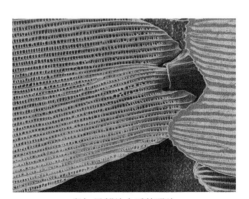

（a）拍摄的翅膀鳞片照片　　　　　　　　　　（b）局部放大后的照片

图 3-9　大闪蝶翅膀的扫描电子显微镜图像（颜色为伪色彩）

与传统的文字传播相比，视觉图像在传达复杂信息方面具有显著优势。图像可以迅速传递大量信息，并且更容易引起观众的兴趣和共鸣。一幅好的科普图像不仅要准确地反映科学事实，还要具有视觉吸引力，这样才能更好地吸引观众的注意力。这种双重标准不仅提高了图像的质量，也增加了其传播效果。如作品

《铁磁流体》（图 3-10）和《枯草芽孢杆菌》（图 3-11），弗兰克尔在拍摄时不仅注意构图，更灵活使用多色彩背景，使得图像更具视觉吸引力。

图 3-10　《铁磁流体》

图 3-11　《枯草芽孢杆菌》

　　另一个典型的案例是弗兰克尔与麻省理工学院材料工程与科学系合作发表在《自然》期刊封面上的基于石墨烯的远程外延生长图片（图 3-12）。通过艺术化的重构、计算机模拟或高度专业的可视化技术，将无形的科学现象、微观结构或复杂过程转化为直观的视觉图像，使研究者与公众能够"看见"并理解那些通常难以捉摸的科学本质。这种能力不仅促进了科学研究的深入交流和理解，还极大地拓宽了科学知识的传播边界，激发了公众对科学的兴趣和想象力。因此，科普图像是连接抽象科学概念与具象感知世界的桥梁，对于推动科学进步和普及科学具有不可替代的作用。

图 3-12 《自然》期刊封面上的基于石墨烯的远程外延生长图片

弗兰克尔的工作为科普工作提供了一个宝贵的案例，即通过视觉图像展示科学的美妙与复杂，提升科普的效果。不难发现，科普图像在科普中发挥着举足轻重的作用。通过弗兰克尔的作品，我们见证了图像如何以直观、生动的形式，将深奥的科学知识转化为公众易于接受和理解的信息。这些科普图像不仅激发了公众对科学的好奇心与探索欲，更在潜移默化中提升了公众的科学素质。因此，科普图像不仅是科学知识的载体，更是连接科学家与公众、激发科学兴趣与热情的桥梁。它们以视觉的力量，让科学之光普照更广阔的领域，为科普传播注入新的活力。

二、影音资源开发案例

随着数字媒介的普及和多媒体技术的进步，传统的以文字和图表为主的科普方式逐渐无法满足公众对于高效、互动和多元化科学知识传播的需求。在这一背景下，影音资源作为一种新型的科普方式，不仅具有直观、生动、易于理解的特点，而且能够更好地适应数字时代人们的信息接收习惯，从而提高科普内容的传播效率和影响力。

（一）"科普中国"影音资源开发案例分析

"科普中国"作为中国科学技术协会科普信息化建设的官方科普平台，其发展历程反映了科普信息化建设的重要阶段。"科普中国"生态由"科普中国"

网、"科普中国"APP、"科普中国"微信公众号、微博@科普中国、"科普中国"快手号、"科普中国"头条号、"科普中国"人民号等构成。通过对"科普中国"的深入研究，展示如何将科技资源有效地转化为影音资源，以及这种转化如何促进科普工作的开展，有助于更好地理解和掌握科普影音资源开发与应用的关键要素。

随着新媒体技术的迅猛发展，公众获取信息的渠道和习惯发生了显著变化。特别是随着抖音和快手等短视频平台的兴起，其以高效的信息传递能力和广泛的覆盖面，重塑了信息消费的格局，逐渐成为主流的媒介形态。

短视频更适合快节奏的生活方式，能够提供即时、高效的信息传播；社交媒体的算法优化使得优质内容更易被推荐，提高了科普信息的传播效率，使得影音资源逐渐成为科普的重要一环。

转向影音资源意味着"科普中国"需要在内容创作和技术层面做出显著调整。首先是内容形式的转变，由以文字为重心转向视觉和听觉相结合的多媒体内容，要求创作者具备更强的视觉表现能力和更丰富的技术知识。为此，中国科学技术出版社成立国有中央级出版单位全资子公司，为实现传统出版社的数字化转型助力。

其次，调整营销策略和增强与受众的互动也是转化过程中的关键环节。亨利·詹金斯（2015）将跨媒介叙事（transmedia storytelling）定义为"一个跨媒体故事横跨多种媒体平台展现出来，每一种媒介都出色地各司其职、各尽其责，每个新文本都对整个故事作出了独特而有价值的贡献"。"科普中国"通过跨媒介叙事，利用社交媒体平台、视频分享网站、新闻网站等多种传播渠道，以及传统的电视和广播媒体渠道来推广其科普影音内容。每个渠道都有特定的受众群体和传播效果。社交媒体平台便于快速传播和触达年轻观众，电视和广播则更适合覆盖不经常使用互联网的观众。同时，为了提升观众的参与度和学习体验感，"科普中国"在其科普影音内容中融入问答互动等环节，增强了学习的互动性；还通过线下活动，增加与公众的直接互动。

保持科普内容的准确性和深度，在短视频的限制下，传达复杂的科学概念是另一个重大挑战。"科普中国"会聘请各行业专家，保障"科普中国"内容建设的权威性与科学性。

2023年6月27日，"科普中国"微信公众号上发布《夜听 | 吃魔芋能减肥？这2点要注意！》一文（图3-13），与2023年12月23日"科普中国"抖音号上发布的"魔芋一直以来都被称为完美的减肥食品，它价格便宜、极具饱腹

感，但魔芋作为减肥神器，真的不是'智商税'！#好奇中国#科普一下#魔芋减肥"视频（图 3-14）的文字内容一致。

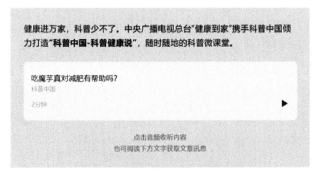

图 3-13　"科普中国"微信公众号文章截图

图 3-14　"科普中国"抖音号短视频截图

　　在实际操作中，"科普中国"首先将文字科普内容转化为易于理解的音频科普内容，再通过视觉效果以及互动性强的内容设计转化为短视频科普内容。由于视频制作的周期性较长，文字和音频内容相对更容易实现，故前期的公众号文章是文字配合音频形式呈现，后期的视频内容则发布至抖音等短视频平台。

截至 2023 年 12 月 22 日，此条微信公众号文章共点赞 124 次，抖音短视频的点赞量达到 657 次，是微信公众号点赞量的 5 倍多。这反映出视频科普内容更容易激发观众的即时反应和互动；微信公众号的文字科普内容更加适合深入阅读，而不仅仅是简单的互动。从中可以看出视频科普内容在社交媒体上的普及和影响力，表明视频可能是未来内容创作的重要趋势。

由此可以看出适应媒体环境变化的重要性。对科普机构而言，灵活运用多种媒介和格式，及时调整传播策略，是关键所在。此外，持续的内容创新和技术学习对于维持科普机构的影响力与相关性至关重要。

总之，"科普中国"从公众号文章转向短视频和音频的案例，为我们深入理解媒体传播策略的适应性和创新性提供了鲜活样本。这一转变不仅促进了科普内容的更广泛传播，也为其他科普机构在新媒体时代的发展提供了宝贵经验。随着媒体环境的不断变化，科普传播的途径和方法也将持续进化，以满足公众日益增长的科学知识需求。

（二）星球研究所影音资源开发案例分析

星球研究所作为一家致力于科普传播的自媒体机构，是新媒体地理类领域的头部品牌，自 2016 年创立以来，短短不到 10 年，已跻身国内科普传播的领军队伍，是与中宣部、中央网络安全和信息化委员会办公室、人民日报社、央视新闻等部门、媒体合作次数最多的新媒体内容机构之一。星球研究所的作品覆盖B 站、抖音、微信、快手、百度、头条号、人民号等各大平台，累计拥有近2000 万忠实受众。他们秉持坚持长期目标、回答基本问题、提出经典观点、呈现超凡世界四大原则，旨在成为同美国国家地理杂志社、BBC 等一样追求极致作品的机构。

星球研究所的内容形态主要涵盖文章、视频和图书三大板块。纵观其发展历程，该机构最初专注于深度文章创作，2020 年开始战略性布局视频领域并迅速崭露头角。与此同时，他们于 2019 年推出"这里是中国"系列科普丛书，实现了内容与形式的多元化发展，构建起全方位的科普传播矩阵。

星球研究所立足地理科普，以独特的地理视角解构世间万物，探索极致世界。他们的研究视野不断拓展，从最初聚焦自然地理的奇山异水，逐步延伸至城市文明的物质与非物质文化遗产，再到浩瀚天文与现代超级工程等宏大命题。他们推出的每一个选题都引发广泛关注，获得各界高度认可。星球研究所凭借其卓越的科普传播实力，于 2017 年荣获"典赞·2017 科普中国"十大科普自媒体殊荣。他们将优质视频内容进一步提炼升华，相继推出《这里是中国》（2019年）、《这里是中国2》（2021年）、《这里是中国3》（2024年）等科普著作。他们制作的科普作品不仅传播度高，更在学界和公众间引发强烈反响，堪称科普传播的典范之作。

在当今信息爆炸的媒体环境下，短视频、直播、图文等内容充斥着各大平台，各类观点鱼龙混杂，真伪难辨。在近30万知识内容创作者与科普工作者中，星球研究所如何能脱颖而出？这离不开他们的两点坚持。

一方面，星球研究所恪守长期主义原则，即一种缓慢却富有深度的创作方式。他们的每篇文章需要花费35天到55天才能完成，自创立以来仅完成300余篇作品。在视频创作方面，他们更是精益求精，几乎55天到75天才能完成一个科普视频，近4年仅创作出50余个深度视频，他们的视频制作流程包括内容提案、项目成立、分工创作、审校修订、内容发布和传播推广等环节。历时8年的潜心研究与资料积累，才最终凝结成以上3部颇具分量的科普巨著。

星球研究所为何需要花费如此长的时间进行创作？其一，星球研究所专注于那些经典而富有深度的议题，以敏锐的洞察力发掘公众关心却未被深入阐释的基本问题，力求通过全新的视角和独特的见解，为每个主题注入前所未有的生命力。以其与中国水利水电科学研究院联合打造的"蓄滞洪区"专题视频为例，"蓄滞洪区"这个看似普通却常被误解的概念，在他们的创作中被赋予了全新的诠释维度。通过宏大的历史视角，深入浅出地展现了中华民族千百年来的治水智慧，让公众对这一治水模式有了更深刻的认知，作品的感染力和启发性令人叹服。其二，宁可慢，不可错。在回答专业科学问题的过程中，星球研究所的创作者对自己提出了极高的要求，不允许丝毫疏漏。他们以等同于学术研究的严谨态度投入创作，深入钻研海量资料，反复推敲论证，直至在头脑中构建起完整且清晰的知识体系与逻辑框架。其三，以匠心精神不断打磨作品。无论是视频拍摄、素材处理、画面呈现还是文案写作，星球研究所的创作团队都在追求作品的极致呈现。以2023年11月的视频作品《长白山，到底藏着多少秘密？》为例，仅片头约20秒的动画制作就耗时近两周。这段视频以震撼人心的画面配合意蕴深远的文字，在短时间内便引发了广泛关注和强烈共鸣。从其中一段"5万年前超大规模火山爆发"的震撼复现，可以窥见其团队是如此专注而执着地将工作推至极致，他们在每个细节上精雕细琢，力求完美，才能达到如此至臻至善的境界。

另一方面，星球研究所始终践行穷尽原则。正是这一种永不满足、精进不休的精神，才造就了星球研究所团队在领域内的独特造诣。星球研究所坚持"读完所有资料"，在开启一个新选题之后，团队的创作者几乎心无旁骛地投入对问题的研究之中，苦心钻研资料；在文案的撰写中，他们"认真写 100 句话"，再从这些话中筛选出最立意深刻、引人共鸣、视角独特、抓人眼球的语句；在拍摄过程中，他们坚持"每一个镜头都拼尽全力"，哪怕一条 20 秒的冰川视频也近乎花费一周时间；在创作过程中，他们"吃难以想象的苦"，付出不为人所知的代价，最终完成经得起时间检验的"爆款"——这些关于地域、城市、山河的经典问题的回答终将在时间长河中永葆生命。最终，他们在一次次创作中见微知著，将平实的工作提升至艺术高度，将受众引入超凡的视觉世界。

正因不断打磨的耐心、对受众的责任心和生产出独立精神作品的决心，凭借"看遍整个中国山河、文明、城市"的愿景，星球研究所独树一帜的作品不仅赢得了市场的广泛认可，更为各地文化旅游传播注入了强劲动力。这种将专业精神、人文关怀与艺术表达完美融合的创作理念，正在推动中国科普传播走向世界一流水平，为构建具有中国特色的科普传播体系贡献着独特力量。深入剖析星球研究所的创作之道，为我们揭示了一条将科技内容转化为优质文字、影音及图书作品的成功路径。他们的经验不仅启示着新媒体时代下科普工作者的发展方向，更展现了如何在这个崇尚速度的时代，坚持打造经得起时间检验的深度科普作品。

第三节　科普图像和影音资源的设计与开发

一、科普图像资源的设计与开发

（一）科普图像的创作类型

图是文字的调节剂，较高品质的科普图像，既能为读者带来好的审美体验，又能让科普知识融入其中，是科普图像设计的重要目标点。科普图像的特性是知识信息负载，导致在图像开发过程中经常遇到的难点是：①可用素材资源不足，科普创作者经常苦于"巧妇难为无米之炊"；②一些知识点和术语没有对应的图形结构，不知道怎么画或者画什么；③有些知识点和术语结构绘制出来的图像结构比较刻板，不具有打动读者的趣味性。解决以上问题，科普图像创作者可以尝试从以下方面来考虑图像的设计与开发。

1. 从历史人文背景出发考虑科普图像

当科普知识可能会涉及当前知识的前因后果时，应用相关的历史人文背景来做图像开发，可以增加科普图像的史料感。

图像是人类情绪的投射，人对人的好奇，是常见情绪之一。即便是科普知识，在科普信息中提到某个特定的人做了什么或者研究了什么，大多数读者潜意识中都会期望看到这个人的形象，引用照片资料或者肖像绘制资料都可以满足读者对图像的渴求。例如江苏省科学传播中心的科普文章《病毒也会"七十二变"》在介绍病毒时，引用了人类发现的第一种病毒烟草花叶病毒的发现者和命名者马丁乌斯·贝杰林克的照片，相关页面截图见图 3-15。

病毒也会"七十二变"

上传时间：2021-10-18　江苏省科学传播中心　原创

江苏省科学传播中心　　开展科学传播活动，开发科普资源，促进公民科学素质提升　　　　　7　　收藏

2020年年初，新冠病毒肆虐，完全打乱了我们学习、工作与生活的节奏，交通停运、工厂停工、开学延迟……而今年暑假，我们再一次经历了疫情。但是这一次，我们沉稳与淡定了很多，因为我们积累了一定的抗疫经验：勤洗手、戴口罩、不聚集。科研人员也研制出了对抗新冠病毒的疫苗，并且符合接种条件的人群积极去接种疫苗。我们有底气相信，只要我们慎终如始、积极备战，定能守住抗疫战果，迎来战"疫"全面胜利的那一天。

我们都知道，这次国内发生的新一轮疫情是由印度首先发现的新冠病毒的变异毒株德尔塔引起的。看到这儿，可能很多同学会有疑惑：新冠病毒为什么会变异呢？为了让同学们更好地理解这个问题，我们需要在从"病毒的变与不变"这个大的角度去解读这个问题。

你了解病毒吗病毒是一种个体微小、结构简单、只含一种核酸（DNA或RNA），必须在活细胞内寄生，并以复制方式增殖的非细胞型生物。

人类发现的第一种病毒是烟草花叶病毒，由马丁乌斯·贝杰林克于1899年发现并命名。迄今为止，人们已经发现的病毒超过5 000种类型。

图 3-15　江苏省科学传播中心的科普文章《病毒也会"七十二变"》页面截图

2. 从生活中可见的现象出发考虑科普图像

当科普知识的内容与日常生活相关时，可以采用生活中常见的、对大家均有所触动的图像。例如，讲述与自然现象有关的科普知识，可以采用极端天气的图

像，一幅具有张力的图像，可以给读者身临其境的感觉，在身临其境的潜在情绪影响之下，再进一步了解与之相关的知识背景，可以为知识信息的吸收做出很好的铺垫效应。

3. 从提取逻辑关系角度延伸科普图像创作

当科普知识内容源于生活而不限于生活时，单纯的情景照片可能比较片面，不足以说明问题时，可以对知识的内部逻辑进行提炼，再从逻辑关系的角度出发为读者呈现出更具有信息可读性、逻辑清晰的图像，如图 3-16 所示的流感病毒结构剖析示意图。

图 3-16　流感病毒结构剖析示意图

4. 从关联想象角度延伸科普图像创作

科普知识是客观的，讲述方式可以是幽默风趣的，为了增加科普知识的趣味性，可以将讲述的对象进行趣味化呈现。例如，将讲述对象拟人化，用可爱的形象、有趣的肢体语言设计，让画面上表达出来的情绪符合读者对休闲、娱乐、趣味的追求，从而使读者更加乐于在画面上停留，进而对科普知识的吸收度更高。

关联想象不仅限于对生物类角色的造型设计，还可以应用于微观的角色形态上。对科普知识进行合理化的逻辑划分之后，每个知识点对应投射在一个角色身上，角色所具有的拟人的表情、动作，可以让画面更加生动，而角色之间的互动关系，也可以帮助读者更好地理解抽象的术语，以及彼此之间的关系，如图 3-17 所示的科普文章页面截图。

图 3-17　混知的科普文章页面截图

5. 引用科研论文图像

科普知识与科研信息往往关系紧密，近年来，科研论文图像的发展速度非常快，科研期刊论文封面图、科研期刊论文摘要图，都采用了具有丰富视觉语言的图像。科普知识可以引用相关的科研论文的观点、结论，也可以引用科研论文的图像为读者展现其科研"原貌"。

科研论文图像知识点精准度高，画面大多具有科技感，可以为读者带来不同的视觉体验，增加科普知识的前沿科技效应。

（二）科普图像的技术路线

以上几种图像创作方式可以为科普图像开发提供多元化的素材选择，一般常见的素材源于以下几种渠道。

1. 直接引用来自素材库的图像

宣传科普知识，作为公益性推广项目，可以选用专业素材库中的图像。选用图像素材需要注意仔细阅读图库版权说明文件，是否需要购买正版版权图像，以免产生版权纠纷。

引用科研论文图像可以注意查看科研期刊单位的版权使用范围，向单位申请使用。

2. 用软件绘制图像

自己绘制图像或者自己合成图像，为了增加画面趣味性，可以使用软件设计绘制二维或三维图像，以及对照片素材进行合成处理，如图3-18所示的吸附固定碳帮助北极熊保护家园的科普图。

图 3-18　吸附固定碳帮助北极熊保护家园的科普图

3. 用人工智能合成图

人工智能生成内容（artificial intelligence generated content，AIGC）让图像变得更加唾手可得，作为科普图像的设计与开发工具，使用 AIGC 绘制出来的图需要根据创作者的表达意图再用图像合成软件进行处理，才能更加准确地表达科普的知识（图3-19）。

（三）科普图像的开发流程

科普图像的设计开发需要注意区分两个关键点：佐证真实的图像和趣味化表达的图像。对于佐证真实的图像，无论是软件合成还是使用 AIGC，都不能夸大原本的知识信息，误导读者；趣味化表达的图像则可以采用各种手段，让画面丰富多样。

帮我生成图片：图片风格为「平面插画」，比例「16:9」医护人员手术图，科普，提醒大家注意病毒防护

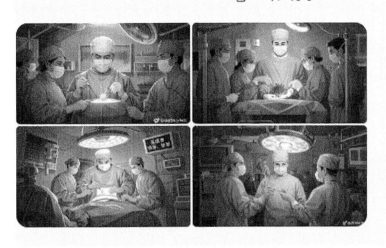

图 3-19 AIGC 生成科普图

科普图像的开发是分析拆解科学信息并再度重建的过程，在图像创作过程中不断产生科学信息与艺术视角的磨合和碰撞，最终得到科学与艺术恰到好处的平衡感。其中，科学插画是数字化时代的新兴产物，近几年随着我国科技论文数量逐年攀升，科学插画在大众传播中的应用迅速扩展，在展现科学研究本身以及传递科普信息的过程中均起到了重要作用。在此以科学插画创作为例，来看一下科普图像从构思创作到实施以及应用的信息转化过程。

1. 前期分析与筹备阶段

科学插画的主要创作信息来源于科技论文，并且是非常具体的特定的论文，并非广泛的普适性知识背景。当科学家完成一篇具有具体研究思路、经过特定实验设计和数据分析的完整的科学论文之后，他们会将论文的最终结论拿出来与设计师共同探讨如何以图像的形式呈现（图 3-20）。

论文中在各个不同维度条件下观测到的电镜图像（图 3-21），以及采用数字模拟构建的图像，均可以作为图像创作的形态基础参考。

原论文标题：	Ultrastrong MXene film induced by sequential bridging with liquid metal
原论文摘要：	Nanoscale materials can have outstanding properties, but it can be challenging to assemble them into larger fibers or sheets while retaining their intrinsic capabilities. For example, MXene nanosheets have excellent mechanical and electrical properties that are promising for flexible electronic devices and aerospace applications. Li et al. fabricated MXene films at room temperature using bacterial cellulose and liquid metal to sequentially bridge the nanosheets. The orientation of the MXene nanosheets was dramatically improved by the blade-coating layer-by-layer process, and the liquid metal effectively filled any voids. The interfacial interactions between sheets were also improved by hydrogen bonding from the bacterial cellulose and coordination bonding with the liquid metal, enhancing the stress transfer efficiency.
内容总结：	用液态金属对 MXene 片中的空隙进行填充，液态金属可以完美地贴合 MXene 片中随机出现空隙。
关键点分析：	1. 薄薄的、多层堆叠的 MXene 片，相对整齐，片层有起伏，存在空隙瑕疵。 2. 液态金属、片层之间，注意贴合性，注意流动性。

图 3-20　基于科研论文的信息分析

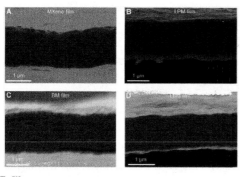
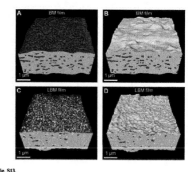

图 3-21　论文中的电镜图与模拟图
(《科学》杂志 2024 年 7 月 5 日封面文章 "Ultrastrong MXene film induced
by sequential bridging with liquid metal")

在科学插画创作中，科学信息表达的准确性是第一位的，在前期准备的过程中，对科学信息，以及科学论文的结构、逻辑关系都要有足够准确的把握。完成了科学的汇集与分析之后，便可以开始广泛地搜集资料，即广泛收集参考图阶段。

搜集参考图的过程中需要注意不要局限于单一维度。

（1）专业领域的参考图搜集。科技论文是有目标方向的投稿文章，在创作科学插画时，首先需要考虑投稿期刊的风格喜好，根据投稿目标期刊来检索近几期的参考图。

（2）结构领域的参考图搜集。从前面分析提炼出来的关键信息中，可以看到在图像开发创作中需要体现的两个结构一个是 MXene 纳米片，另一个是液态金属，除了看作者提供的电镜图的状态之外，还需要针对 MXene 纳米片（图 3-22）和液态金属检索更多的参考图，为创作吸收灵感。

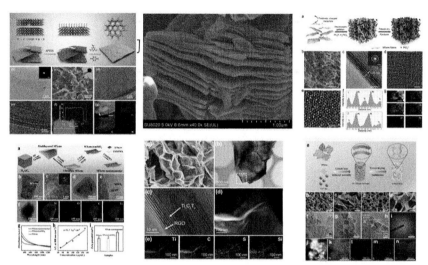

图 3-22 MXene 纳米片结构相关参考图

（《科学》杂志 2024 年 7 月 5 日封面文章"Ultrastrong MXene film induced by sequential bridging with liquid metal"）

2. 组织实施阶段

完成前期准备工作之后，尤其是搜集参考图之后，会发现大脑中有很多想法，这些想法星星点点，在细节上并不完善，但是这些都是图像创作环节重要的灵感，可以将脑海中想到的画面用简单的手稿绘制出来（图 3-23）。可以先忽略灯光与透视角度，尝试以内容信息为出发点进行手稿绘制，也就是说，先想想要构成的画面中应该有哪些内容。

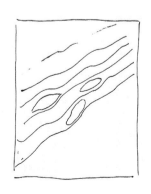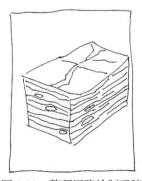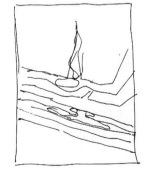

图 3-23 整理思路绘制手稿

初步完成的手稿可以用于与论文原作者进行沟通讨论，也可以用于与执行设计师进行沟通讨论。基于手稿可以选择后续执行选择的技术路线，是用二维绘制来实现效果比较好，还是用三维制作模型来实现效果比较好。以此案例来说，液态金属有强的金属质感、灵活的光影反射效果，用三维渲染更容易实现其质感。

确定技术路线之后，可以进入基础模型构建环节，这里可以采用三维软件Maya 来构建场景模型（图 3-24、图 3-25），以便在后续可以增加调整材质、灯光，这个环节用其他三维软件也可以完成。

图 3-24　三维软件 Maya 中构建的 MXene 纳米片

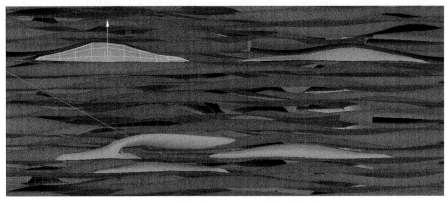

图 3-25　用模型模拟液态金属的填充形态

在三维软件中构建模型，除了形状结构方便调控之外，还方便控制镜头角度，用同一个场景模型，设置不同的相机视角，便可以尝试不同的构图（图 3-26）。

图 3-26　场景初步渲染

在前期分析时，虽然提供了各种信息来确定结构的形貌，似乎结构是给定的客观存在，但在实际的模型制作过程中可以发现，从寻找不同的表现点出发，模型的形态依然会有各种变化。将各种可能性用模型做出来之后，可以直观地看到结构在画面中呈现的样子，以便与论文作者共同讨论，确保其具有科学性和视觉性。在与论文作者讨论磨合细节的过程中，对片层数量、镶嵌的位置、片层的形态感等进行调整，不断消除不符合科学原理的细节，最终趋于更符合科学原理的准确方向。在确定的结构上再调整配色，优化构图细节（图 3-27）。

图 3-27　不同构图与配色的图像方案

3. 作品使用及推广

作品完成之后，与科技论文一起刊登在专业的科技期刊上（图 3-28），向大众展现科学家研究的成果。

论文刊发之后，其他网络媒体（如公众号）会大量引用，并且配以图文说明，用更加科普的语言文字，来诠释论文的观点（图 3-29）。

科学插画作为贴近科研的科普图像作品，在科学家的专业交流中扮演着重要的信息传递角色，在科普传播领域，其趣味化的设计让科学更加贴近大众。

图 3-28　刊登在科技期刊上的图像

图 3-29　传播宣传中图像的使用

从技术角度而言，计算机降低了科普图像的创作门槛，实则在图像领域增加了更多专业性的要求，因此自 2007 年之后，我国诞生了以此类设计为主的职业插画师、专业的科学插画创作公司，其创作基于市场用户需求，为我国科普图像创作增加了多元化的市场梯队。

二、科普影音资源的设计与开发

科普影音作品是通过解说词、镜头语言、素材图像及音效背景共同完成的一段中心明确、信息丰富的科普作品，能让受众轻松愉悦地获得知识。科普影音作品需要对专业的知识信息进行拆解，需要考虑设计专业术语在画面上的表达方式，因此科普影音作品的设计与开发需要考虑多方面的因素，比科普图像作品难度更高一个阶梯。

（一）科普影音作品开发流程

科普影音作品在设计开发初期需要做好规划工作，包括如下几个部分。

1. 语言文字处理

科普影音作品与科普文字作品一样需要对作品进行文字处理，将原本术语化的知识信息转化为比较容易理解的接近日常生活的描述性语言，或者增加轻松幽默的语言素材。

科普的基础知识信息往往来自科研论文、科技新闻等具有一定专业度的文献资料，基于这些文献资料提取知识点，进行科普创作转化，形成文字作品，再进一步形成科普影音的文字底稿，也就是常说的解说词。

科普影音作品的文字要比单纯的文字作品更加口语化，要尽可能将生僻的术语词汇点，放在画面上来注解，在语言文字描述部分，采用串联式的知识点的分布，注意节奏，可以让受众像听故事一样，环环相扣，又迂回辗转。

2. 资料汇集

科普影音作品需要大量的视觉素材，视觉素材可分为两部分：一部分是运动的镜头素材，能引发联想的自然景观镜头、与所讲述内容相关的摄影纪实镜头、表征特殊现象的特效镜头等；另一部分是具有典型性的静态照片或者图片。在科普影音作品合成中，可以通过合成软件为静态照片、图片增加运动特效，再辅助其他技术让画面产生动起来的视觉感受。

在创作初期搜集参考知识的同时，将可用的视觉素材资料也一并搜集分类，以备后续使用。

3. 分镜规划

完成资料汇集和基础脚本之后，可以开始手绘分镜，也可以用素材照片贴图，分镜将脚本信息与图像信息对应起来，可以清楚地看到语言讲述时所对应的镜头画面，同时也可以反向核查当前镜头画面的内容应该对应的解说词。

分镜规划表一般包括镜头、画面描述、解说词三个部分。镜头对应绘制的画面手稿或者素材截图；画面描述则需要将镜头中需要增加的运动和效果仔细描述记录下来；解说词对应配音讲述的部分（图 3-30）。

镜头	画面描述	解说词
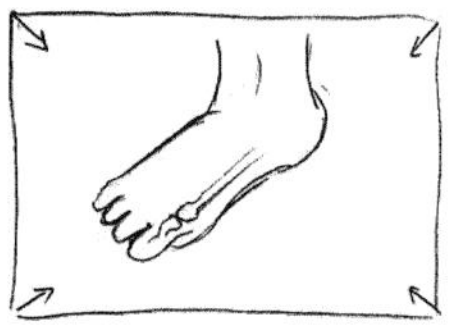	脚部关节发红肿胀	急性痛风性关节炎一经发作痛苦异常，目前尚没有针对性治疗的药物，很多人深受其苦。
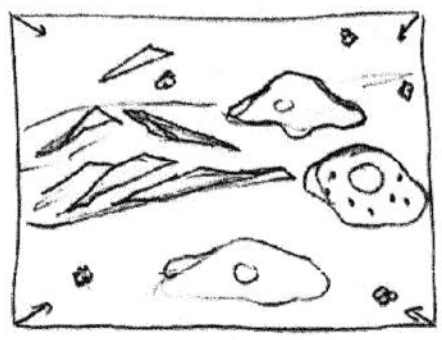	镜头推进到关节腔的微观空间中，有巨噬细胞，有中性粒细胞。周围环境中飘着雪花一样的 GPR105 蛋白。	急性痛风性关节炎发作的机制很复杂，当前研究已将其归入自身炎症性疾病（autoinflammatory diseases，AIDs）范畴。
	晶体正在从上方坠落，越来越多。巨噬细胞闪烁一下表示受到刺激，开始变小，并吐出炎症因子。炎症因子进入中性粒细胞。	关节内尿酸浓度过饱和形成结晶单钠尿酸盐（monosodium urate，MSU），作为异物进而触发机体固有免疫反应，使得免疫系统过度反应，导致关节及其周围组织的急性炎症反应。

图 3-30　科普视频分镜脚本原稿素材

科普影音作品的魅力在于其不仅仅是图像素材的联动，还通过声画同步的节奏感，增加观众的情绪感受，形成主动的信息吸收。科普影音作品的分镜规划既可以让制作人员对内容制作一目了然，还可以让创作者一开始就对作品的全局效果有直观的感受。

（二）科普影音作品的常见技术类型

当前新媒体技术发展迅速，在个人的计算机终端就可以使用软件快速完成音频、视频剪辑合成工作，不必再仰仗专业的设备。加上手机、数码相机、数码摄像机、摄像头等拍摄录制设备的发展，科普作品可以获得各种丰富多样的素材来源，这也为科普影音作品的创作带来了很大的便利性，从制作技术难度来区分，科普影音作品一般有以下几种类型。

1. 摄影记录型影音作品

摄影记录型影音作品以实景拍摄为其主要资料来源，其拍摄类型如下。

1）单人讲解视频

主讲人用自己丰富的语言表达能力和肢体语言为公众简单精妙地讲述科普知识点（图 3-31）。

图 3-31 "科普中国"中的科普影音作品视频截图

单人讲解视频可以在室内定点拍摄，也可以在室外特定环境背景下拍摄；可以是单一镜头一镜到底，也可以是多镜头机位切换剪辑。近年来，随着网络短视频的快速发展，在单人讲解视频中，主讲人在镜头前娓娓道来，让观众有面对面交流的亲切感，有跟随主讲人探索解密的体验感，深受大家喜爱。

单人拍摄操作技术难度相对较低，只需要可以稳定拍摄的电子设备，主讲人可以自己从头到尾全程控制，可以反复调试，再经过软件剪辑之后，便可快速完成作品制作，技术成本和时间成本都比较容易掌控。

2）多人访谈视频

单人讲解需要主讲人具有在镜头前的表现力和表演欲，对从事技术领域的科学家有一定的难度，双人或多人访谈视频可以通过主持人的问答调节主讲人的讲述，多人镜头切换可以增加画面的变化性。

多人访谈式影音作品可以根据访谈者描述，再穿插以素材镜头，让观众获得更加丰富的视觉感受。多人访谈式影音作品需要注意机位设计、拍摄镜头设备的一致性、镜头剪辑的连贯性，如果场景中用到灯光，需要注意灯光对每位访谈者的打光效果。

3）结合实景与表演的纪实性拍摄

实景的拍摄可以是科技场馆中的展品讲解，或者科普表演中的现场演绎，经过后期编辑加工后，形成可供网络传播的科普作品。

拍摄记录型影音作品还有一种类型是表演性纪实，即拍摄记录主讲人在镜头前的一系列动作，再通过解说词讲解，结合镜头前的动作造成第三方的观察视角（图3-32）。

图3-32 【创作培育计划】观思假验科普作品页面截图

具有表演性的纪实拍摄在镜头中的表现空间更大，对创作者来说是更有趣的挑战，创作者需要设计构思场景以及表演动作，可以自己设计创造各种道具，适合思维活跃的年轻人展开自己的想象力。

拍摄镜头机位需要根据动作设计，对镜头语言要求更高一步，在拍摄之前的前期脚本规划需要更加细致。

2. 资源合成型科普影音作品

1）视频镜头资源

资源合成型科普影音是目前较为多见的一种科普影音类型，随着影视、动漫行业进入数字化时代，各种影视作品、纪录片作品资料可以随时在网络上下载使用。在科普影音作品创作中，有些镜头是可以实地拍摄的，而有些自然现象和更加宏大的镜头，在科普创作者没有高端设备无法自己获得资料时，可以从其他网络素材中剪辑而来（图 3-33 ）。

第1集《金建祥：高原上的能源"向日葵"》

第1集《金建祥：高原上的能源"向日葵"》

图 3-33　"科普中国"中科普影音作品页面截图

需要注意的是，科普作品大多数是公益性免费的知识宣传，并不构成商业交易行为，可以使用来自其他作品的镜头。如果是商业行为的作品，引用他人资料镜头要注意购买版权，避免引起版权纠纷。

资源合成型科普影音作品看似简单，实际上也需要创作者花费很大的精力，尽可能寻找画面质感和风格比较容易统一的作品。在剪辑作品时，要注意调整镜头的运动速度，画面校色等，以保证画面语言的流畅性，如图3-34。

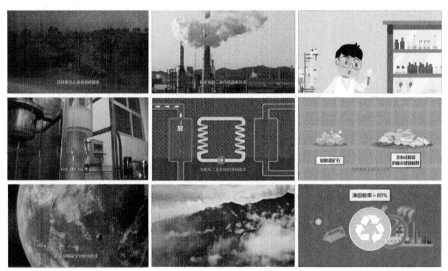

图 3-34　《矿化固碳》科普影音作品页面截图

2）图像资源

在科普文字作品中，图像经常作为陪衬、调节剂出现，辅佐文字表现内容，在科普影音作品中，图像依然可以起到重要的辅助作用。

当制作素材不足时，在静态图像上设定运动关键帧，可以造成镜头徐徐推进的运动效果，在科普影音作品中可以与其他素材混合剪辑，或者与拍摄素材混合剪辑，提供视觉要素。

图像资源可以单独形成镜头，也可以多个图像拼合形成镜头。当图像资源画面质量不够或者单独一幅图不足以说明问题时，可以使用多图拼合共同构成镜头画面。

科普作品经常需要讲述一些比较生僻的信息，或者在自然界不常见的现象和结构，为了让生僻信息不那么刻板，让不常见的现象和结构比较容易理解，卡通型影音作品也深受科普创作者的喜爱。如图3-35和图3-36所示的"科普中国科学视界"的科普影音作品页面截图。

科学求真：目前世界各国都有哪些探月计划？

上传时间：2023-10-31 11:29 · 科普中国科学视界 原创 航天联天 探月计划 科学求真

科普中国科学视界 科学视界是科普中国唯一原创视频品牌 1 收藏

视频简介：科学求真：目前世界各国都有哪些探月计划？

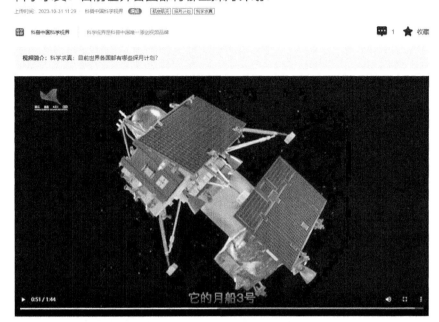

图 3-35 "科普中国科学视界"的科普影音作品页面截图 1

科学求真：目前世界各国都有哪些探月计划？

上传时间：2023-10-31 11:29 · 科普中国科学视界 原创 航天联天 探月计划 科学求真

科普中国科学视界 科学视界是科普中国唯一原创视频品牌 1 收藏

视频简介：科学求真：目前世界各国都有哪些探月计划？

图 3-36 "科普中国科学视界"的科普影音作品页面截图 2

3. 二维卡通型影音作品

1）MG

动态图形（motion graphics，MG）是指通过特效合成软件，让一些二维的图形结构运动起来，形成具有动感的镜头效果。MG 画面轻便灵活，色彩丰富多样，比传统的角色动画简单，又能将各种描述性的文字信息融入画面中，非常适合在科普影音作品中使用。如图 3-37 中所示的"化学化工前沿"的科普影音作品页面截图。

图 3-37 "化学化工前沿"的科普影音作品页面截图

2）角色动画

在科普影音作品中，角色动画指的是针对某个系列作品，设计一个特定的卡通角色，在整个作品中以该角色的口吻来讲述科普知识，作为科普作品整体的"主持人"存在。用该角色来串联其他引用的素材资料，该角色需要具备能博得观众喜爱的外形特征，有与观众形成互动表演成分设计，一般常见于系列作品，有打造 IP 形象的长远规划。

角色动画和 MG 动画中出现的角色可以理解为明星与群演的关系：角色动画中的角色在整个剧情中经常出现且具有自己的名字和个性特征，是科普中的小明星；在 MG 动画中一闪而过的是群演，并没有特定的连续性剧情，也没有自己的名字。如图 3-38 中所示的动画。

3）简笔画动画

简笔画动画是类似白板动画的动画方式，简单来讲，是用记号笔一边画一边拍摄，让观众有一种观看作者创作过程的感受。简笔画大多数时候用简单线条构

图 3-38　《人工酶》科普影音作品页面截图

成，不用上色。可以用笔在纸上绘制，也可以在白板上绘制动态效果，或者将绘制的图像用软件处理成逐个线条出现的效果。如图 3-39 所示。

三分钟科技史

第1集《电话——影响人类历史进程的发明》

视频简介：在电话出现之前，电报已经在全球普及。但是，电报使用起来众在人众短，要经由专门的电报收发人员转译、发送，不能实时收到对方的回复，更别想听到对方的声音了。于是人们就想，有没有可能用电线文流传递声音呢？视频由科普中国·星空计划（创作培育）出品，钛媒体制作支持，作者：润燃类工工作室·科普团队；审核：于增辉 中国科学院微生物研究中心主任

图 3-39　《三分钟科技史》科普影音作品页面截图

简笔画动画需要将讲述信息与绘制的内容相结合，绘制过程中尽可能用干净利落的线条一笔完成，这对绘制者的绘画功底要求比较高。在前期准备工作中，

可以通过设计有趣夸张的肢体动作，来让画面具有吸引力。

4. 三维渲染风格影音作品

在影视动画领域，三维软件技术可以完成各种高难度的影视效果，在科普影音作品中，三维渲染风格也是技术难度级别最高的科普影音作品，如图 3-40。

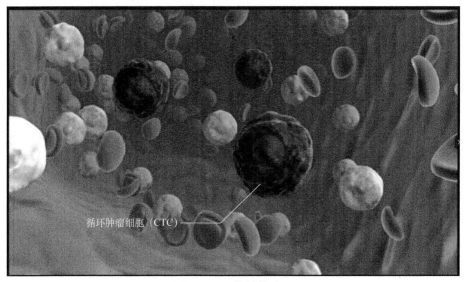

循环肿瘤细胞（CTC）

图 3-40　三维科普动画

三维动画可以营造出流畅的镜头运动、逼真的质感，让观众身临其境般地看到微观世界，对于具有特殊空间关系的结构，三维动画可以讲述得更加清楚。常见的三维软件有 Autodesk Maya、Autodesk 3ds Max、Cinema 4D、Blender 等。三维动画需要经过建模、材质、动画、特效、灯光、渲染等复杂的工作流程，耗费的人工时间成本高。如果前期规划不够精准，会对项目影响巨大。在常见的科普影音作品开发中，一般将三维部分用于微观结构的渲染和动态，而不会用在角色上。

科普影音作品不是单一维度的创作，而是范围很宽泛的创作，无论是拍摄类型还是三维渲染类型，并不会单一存在，可以按照创作者的技术能力、资源掌控能力综合使用，以将知识转化得生动有效、启发观众理解为目标。

理解·反思·探究

1. 科普图像与影音资源有哪些特征?

2. 科普图像与影音资源开发面临哪些问题？

3. 如何开发科普图像？

4. 如何将科研论文创意开发为科普影音？

本章参考文献

曹再兴，谢华. 2012. 新形势下推进科技资源科普化的几点思考. 科技管理研究，32（2）：47-49.

陈宏宇. 2011. 大众传媒——科技期刊立体化出版的新模式. 编辑学报，23（sup1）：1-3.

窦杰贵. 2000. 科普与科研应当同时并举. 中国局解手术学杂志，（3）：268-269.

光明日报. 2019 中国科技论文统计结果发布：从求数量到重质量　评价指标变化显著. https://www.gov.cn/xinwen/2019-11/20/content_5453698.htm［2020-09-10］.

亨利·詹金斯. 2015. 融合文化：新媒体和旧媒体的冲突地带. 杜永明译. 北京：商务印书馆.

胡庆华. 2013. 科技资源科普化之一瞥. 科技创新导报，（15）：252.

贾鹤鹏，王大鹏，杨琳，等. 2015. 科学传播系统视角下的科技期刊与大众媒体合作. 中国科技期刊研究，26（5）：445-450.

姜联合. 2012. 科学研究成果科普转化的实践与本质//中国科普研究所. 中国科普理论与实践探索——第十九届全国科普理论研讨会暨 2012 亚太地区科技传播国际论坛论文集. 北京：科学普及出版社：6.

李国忠，蒙福贵，赵忠平. 2011. 科技资源科普化的实践与思考. 大众科技，（7）：285-286.

刘玲利. 2008. 科技资源要素的内涵、分类及特征研究. 情报杂志，（8）：125-126.

求索. 2016. 刍议论文科普化. 宁波广播电视大学学报，14（4）：2.

苏青，高健，黄永明，等. 2008. 构建最新科研成果大众化传播的有效机制——中国科协科技期刊与新闻媒体见面会实施情况评述. 科技导报，26（21）：21-25.

张九庆. 2011. 关于科技资源科普化的思考. 山东理工大学学报（社会科学版），27（1）：38-40.

张学波，吴善明. 2018. 广东省科技资源科普化现状及对策研究. 科技传播，10（1）：170-172.

中国科普研究所. 2018. 2018 中国公民科学素质调查主要结果. https://www.crsp.org.cn/kyjz/yjcg/GMKXSZ/art/2018/art_f7ed08a15b824737a496537a9f8e6fc6.html［2020-09-11］.

中国科学技术协会. 2019. 中国科技期刊发展蓝皮书（2019）. 北京：科学出版社.

周海鹰，田甜，钱昊，等. 2018. 浙江省科技资源科普化对策研究. 科技通报，34（6）：280-

286.

Fanelli D. 2013. Any publicity is better than none: newspaper coverage increases citations, in the UK more than in Italy. Scientometrics, 95 (3): 1167-1177.

Phillips D P, Kanter E J, Bednarczyk B, et al. 1991. Importance of the lay press in the transmission of medical knowledge to the scientific community. The New England Journal of Medicine, 325 (16): 1180-1183.

第四章

科普展品资源

要点提示

本章围绕科普展品资源，对其范围和类型、国内外科普展品案例等展开介绍，在分析科普展品资源发展状况的基础上，提出科普展品资源设计与开发的原则和方法，较为全面系统地勾勒出当前科普展品资源开发的理想图景与现实路径，为促进科普展品资源的可持续发展提供指导和参考。

学习目标

1. 结合科普展品资源相关知识，掌握科普展品资源的范围、类型等基本情况。
2. 了解我国科普展品资源的现状及未来发展趋势。
3. 了解国内外科普展品资源案例，把握科普展品资源研发意义与价值。
4. 掌握科普展品资源设计与开发的原则和方法。
5. 举例分析说明我国科普展品资源存在的问题与对策。

随着科学技术的飞速发展，社会生活发生了日新月异的变化，终身学习、学习型社会等概念逐渐深入人心。我国大力加强全民科学素质建设工作的相关政策不断提出，推进公民的科学素质进入全新发展阶段。2016 年，习近平总书记在《为建设世界科技强国而奋斗——在全国科技创新大会、两院院士大会、中国科协第九次全国代表大会上的讲话》中指出："科技创新、科学普及是实现创新发展的两翼，要把科学普及放在与科技创新同等重要的位置。没有全民科学素质普遍提高，就难以建立起宏大的高素质创新大军，难以实现科技成果快速转化。"（习近平，2016）2021 年，国务院印发的《全民科学素质行动规划纲要（2021—2035 年）》也将"建立完善科技资源科普化机制"作为重点工程建设。党的二十大报告中提出了"加强国家科普能力建设"（习近平，2022），将科普作为提高全社会文明程度的重要举措。

科技馆、博物馆、文化馆等作为推进我国科普事业蓬勃发展的重要场所，为公民提供了丰富的科普资源。其中，科普展品作为科普场馆内普及科学知识、倡导科学方法、传播科学思想和弘扬科学精神的展览品（"数字化科普资源标准研究"课题组，2017），一方面，能够通过直观展示的方式，帮助公众理解复杂的科学原理、技术进展、科技创新与应用等，是公众更好地了解和学习科学技术、提升科学素质的有效载体；另一方面，能够促进公众理解和支持我国科学技术研究，是推动我国科技事业蓬勃发展的不可或缺的组成部分。科普展品具有科学性、教育性、公益性等，是科普场馆发挥科普作用的重要资源。

本章围绕科普展品资源，对其范围和类型、国内外科普展品案例，以及科普展品的设计与研发等展开介绍。

第一节　科普展品资源简介

一、科普展品资源的范围

科普展品资源的范围广泛，涵盖多个领域。从科学原理到技术应用，从自然现象到人类文明，从基础学科到前沿科技，都可以在科普展品资源中得到体现。

第一，科普展品包括自然科学类展品。这类展品主要涉及物理学、化学、生物学、地球科学等学科领域。例如，物理展品可以展示力学、电学、光学等基本物理原理和现象；化学展品可以展示化学元素、化学反应等基本化学知识和实验；生物展品可以展示生物种类、结构、功能等基本生物学知识；地球科学展品可以展示地球结构、地理环境、天气气候等基本地球科学知识。

第二，科普展品也包括技术应用类展品。这类展品主要涉及工程技术、信息技术、航空航天技术等方面的知识。例如，工程技术展品可以展示机械制造、建筑、交通运输等技术应用；信息技术展品可以展示计算机技术、互联网技术、人工智能等技术应用；航空航天技术展品可以展示飞行器设计、宇航技术等航空航天技术应用。

第三，科普展品还包括环境科学类展品。这类展品主要涉及生态学、环境科学等学科。例如，生态学展品可以展示生态系统结构、功能和演化等基本生态学知识；环境科学展品可以展示环境问题、环境保护等基本环境科学知识。

第四，科普展品还包括人文类展品。这类展品主要涉及哲学、历史学、社会学等学科知识。例如，哲学展品可以展示哲学思想、哲学流派等基本哲学知识；历史学展品可以展示历史事件、历史人物等基本历史知识；社会学展品可以展示社会结构、社会问题等基本社会学知识。

总之，科普展品的范围非常广泛，是公众了解科学技术的重要载体，亦是传播科学文化知识的重要途径。科普展品资源的有效开发与利用，对于提升公众的科学素质、增强公众的人文社会素质具有极其重要的作用。

二、科普展品资源的现状

（一）展示形式多样化

目前，科普展品资源的展示形式趋于多样化，主要体现在当前科普展品资源的类型上，主要包括信息展板和图表类展品，模型和实物类展品，交互类展品，多媒体融合类展品，虚拟现实和增强现实类展品，主题式、故事线类展品。

（1）信息展板和图表类展品。信息展板和图表是传统的科普展品资源类型，用于向公众提供科学知识的文字和图形信息。它们通常将科学原理、实验结果、统计数据等内容，以简洁明了的方式呈现给公众。公众可以通过阅读与观察信息展板和图表来获取科学知识。

（2）模型和实物类展品。模型和实物是另一类常见的科普展品资源，用于展示科学原理、生物结构、天文现象等。例如，地球模型、太阳系模型、DNA 双螺旋模型等模型和实物类展品，可以帮助公众更直观、更形象地理解和掌握科学知识。

（3）交互类展品。交互类展品是指公众可以亲自参与和操作的展示物，通常包括实验装置、电子游戏、触摸屏等。通过公众的互动参与，提供更具体、更生动且富有实践性的科学体验。例如，公众可以通过操纵实验装置做科学实验，或在触摸屏上解答科学问题。

（4）多媒体融合类展品。多媒体融合类展品是利用图像、音频、视频等多媒体元素来呈现科学知识的一类科普展品。例如，通过视频等展示火山喷发的过程，或通过音频模拟动物的叫声。多媒体融合类展品可以通过展示屏、投影仪、音响等设备，为公众带来多种感官的冲击力，丰富科普展品的表现力，从而将科学概念和实验过程以生动形象的方式展示给公众，使其更容易理解和接受科学知识。

（5）虚拟现实和增强现实类展品。虚拟现实是一种完全沉浸式的数字化体验，通过头戴式显示器、手套或控制器等设备来创建完全的虚拟世界。增强现实是在真实世界中叠加虚拟元素，是真实世界和虚拟世界的融合。随着技术的进步，虚拟现实和增强现实越来越多地应用于科普展品中。这类科普展品是数字化技术在科普资源中的重要体现。公众可以通过佩戴 VR 头盔或使用 AR 设备，沉浸在虚拟的科学环境中，获得身临其境的科学体验。例如，一些科技馆已经尝试通过虚拟现实技术引导公众探索宇宙、深海或人体内部的奇妙世界，以获得更加直观和生动的学习体验。

（6）主题式、故事线类展品。主题式、故事线类展品是一种引人入胜且富有教育意义的展品。这类科普展品往往围绕一个特定的主题，将科学知识、历史事件和人物等，与相应的故事情节进行有机结合，依托故事情境将科普展品的原理、背景等娓娓道来，使公众能够更加深入地理解科学知识和历史文化。

与此同时，当前科普展品资源在设计上逐渐追求创新性和个性化，以吸引更多的观众。例如，科普展品资源利用艺术、建筑、人文等元素，将科学知识与人文艺术融入科普展品中，使其在体现科学原理的同时，更具观赏价值和人文价值。

丰富多样的科普展品通过生动、有趣的形式把科学知识展示出来，旨在让公众更好地理解科学知识，激发其对科学的兴趣和创造力潜能。科普展品在科学博物馆、展览馆、学校、科普活动场所等中广泛应用，为公众提供了亲身体验和学习科学的机会，在开阔视野的同时感受到科技的魅力与神奇。

（二）多媒体技术结合

随着多媒体技术的发展，科普展品与多媒体技术相结合也成为科普展品创新研发的必然趋势。科普展品与多媒体技术结合对于科普有着重要的意义和价值。

首先，科普展品与多媒体技术结合能够提高公众参与度。多媒体技术的运用可以增强科普展品的互动性，为科普展品提供多样化的展示形式，如音频、视频、动画等。这些形式可以丰富展品的表现力，使公众更容易理解和接受科学知识，获取更直观、生动的学习体验。

其次，多媒体技术的融入有助于科普展品拓宽传播渠道。科普场馆的工作人员可以利用网络、社交媒体等新媒体平台对科普展品进行推广。这样既能扩大科普的影响力，又能提高公众对科学知识的关注度和参与度。

最后，科普展品融合多媒体技术是创新科学教育方式的重要途径。科普展品与多媒体技术相结合，能够引导公众通过多种感官，身临其境地探索科学现象，能够突破科普场馆采用图片与文字等结合的传统展示方式，提高公众的科学学习兴趣和效果，为科学教育提供新的方法和途径。

（三）数字化趋势

随着数字化技术的普及与应用，近年来数字化也逐渐成为科普展品创新研发的重要趋势。

科普展品运用数字化技术，对科普信息进行综合处理，使用户通过触摸屏操作游戏、亲身体验等方式，实现多种感官与数字化展品的实时交互，不仅增强了科普展品的吸引力和感染力，还使公众更加主动地参与到科普过程中，在丰富科普展品呈现方式的同时提高了公众的学习效果。

科普展品的数字化使得用户能够通过互联网及时体验科普资源，实现科普资源的实时共享。中国幅员辽阔，区域经济社会发展不均衡，数字化科普展品能够通过网络形式传播，大幅提高科普服务的可及性和有效性，覆盖更广泛的地域和人群。

科普展品的数字化还能降低科普场馆的运营成本，提高科普展品的利用率。数字化技术可以实现科普展品的快速更新和维护。随着科技的不断发展和进步，新的科学知识和科学技术不断涌现，数字化科普展品能够及时升级更新，增强科普展品的新颖性和时效性。与此同时，数字化技术还可以通过数据分析等方式及时了解公众的需求和反馈，从而更好地指导科普工作。

三、科普展品资源存在的问题

随着科普展品资源的迅速发展，越来越多的创新研发成果展现在我们面前。然而，一部分科普展品资源在当前的开发与利用上仍普遍存在一些问题。

（一）展示内容枯燥

目前，科普场馆的部分科普展品存在内容枯燥的问题，难以吸引公众的参观和学习兴趣。造成上述问题的原因主要体现在专业术语的复杂性及缺乏交互性和趣味性两个方面。

一是科普展品所体现的科学知识、科学原理等往往涉及复杂的专业术语和理论，而且与公众的实际生活相差甚远，使得公众难以理解展品的现实意义。因此，若展品中的语言文字不能转化为公众清晰易懂的通俗语言，那么对于非专业群体的公众而言，可能存在难以消化和理解科普信息的问题。

二是科普展品存在展示方式单调的问题。例如，大多数展品仍采用图文展板、实物模型、电子书、触摸屏等形式，并辅以大篇幅的文字进行解释。这种展品内容雷同，缺乏交互性、情境性和创新性，使得公众只能被动接受科学知识，无法亲身体验和参与到科普活动中来。这样的展品设计和展品内容往往难以吸引公众的眼球，进而难以达到科普的目的。

（二）展览场所固定

当前，科普展品资源主要集中于科技馆、博物馆、文化馆、图书馆等固定科普场馆。虽然科普展品的场所固定化是保证科普活动稳定运营的有力支撑，但这也在一定程度上导致科普展品的传播在时间和空间上缺乏灵活性。也就是说，公众只能前往固定的科普场馆参观和学习，不同公众群体接受科普的需求难以得到满足。导致科普展品的传播场所固定的原因主要有以下几种。

首先，资源分配不均。受资金、人力和技术方面的影响，科普展品的开发和维护主要集中在科技馆、博物馆等场域，学校、社区和基层等场所难以留住高质量的科普展品，陷入科普资源相对匮乏的窘境。

其次，合作机制薄弱。尽管馆校合作、馆企合作等逐渐成为科学教育的趋势，但当前科技馆、博物馆等固定的科普场馆与学校、社区等之间的合作机制尚不完善，展品仅陈列于场馆之中，缺乏在其他场域的空间流动，科普资源难以实现有效共享。

最后，设施条件限制，难以满足科普展品的展示和维护需求。科普展品流动到学校、社区和基层等其他场所，需要投入大量的人力、物力和财力，而学校、社区和基层等场所的设施条件相对有限，没有足够的空间来展示大型展品，而且缺乏专业的技术人员来维护，难以支持和实现科普展品资源的空间流动。

如何使科普展品走进学校、社区和基层等场所，使科普展品实现空间流动，让科普展品"活"起来，是解决科普展品展览场所固定，进而推进科普的重要现实问题。

（三）资源分布不均

在我国，科普展品资源分布不均的问题一直存在。我国的科普场馆和科普资源主要集中在大中城市或经济发达地区，偏远城市和农村地区的科普资源较为短缺。

大中城市的科普展品资源丰富，包括科技馆、博物馆、天文馆、自然历史博物馆等。这些场馆的科普展品数量多、质量高、内容丰富，为公众提供了宝贵的科普资源。一些偏远城市和农村地区的科普展品资源相对匮乏，这些地方往往没有大型的科普场馆，而且科普场馆的科普展品数量和质量也远远不如大中城市。这导致这些地区的公众难以接触到高质量的科普展品，也影响了公众科学素质的提升。

造成我国科普展品资源分布不均的原因有很多，其中最主要的是各地区经济发展水平不均衡以及各地区政策支持力度不同。一般而言，大中城市的经济实力强，因此有更多的资金投入科普事业中，从而吸引了更多的科普展品资源。而偏远城市和农村地区由于经济实力较弱，难以投入大量的资金来建设科普场馆和购买科普展品。此外，科普展品资源的分布还受到政策的影响。政府部门对科普事业的重视程度和投入力度决定了科普展品资源的分布情况。不同地区的政府对科普事业的投入不同，也是导致科普展品资源分布不均的原因之一。

（四）基础设施陈旧

科普展品作为公众了解科学知识的重要途径，在普及科学知识、提高公众科学素质方面发挥着重要作用。然而，当前部分科普场馆中的科普展品却存在基础设施陈旧落后的问题。

首先，缺乏创新导致部分科普展品陈旧落后。许多科普展品展览馆和设施建设时间较早，展品内容、展示方式和互动体验等已不能满足当前公众的需求。部分展品存在破损、老化现象，难以吸引观众驻足体验。此外，科普展品内容更新滞后，缺乏与前沿科技发展的紧密联系，难以与观众对了解科学技术发展最新动态的诉求相契合，因而难以激发公众对展出的科普展品的兴趣和好奇心。

其次，科普展品设施管理不善，资源利用率低。部分科普展品展览馆和设施缺乏有效的管理与维护，导致展品损坏、丢失等问题时有发生。同时，部分展品设施利用率较低，存在闲置和浪费现象。

最后，科普展品设施缺乏多元化的融资渠道。目前，科普展品设施主要依靠政府财政投入，这使得科普展品设施在更新换代、内容创新等方面受到限制，难以满足公众日益增长的需求。

（五）研发缺口凸显

当前，我国多数地区科技馆的科普展品存在展品更新慢、展品研发能力薄弱、研发人才短缺等问题。随着我国公民科学素质的不断提升，公民对科普资源的需求也日益增长，科普展品研发缺口的问题逐渐浮出水面。

据调查研究，目前我国仅有中国科学技术馆、上海科技馆、广东科学中心等几个超大型科技馆具备科普展品创新研发实力，而其他省（自治区、直辖市）的科技馆展品研发缺口问题，已成为制约科技馆高品质运营和可持续发展的普遍问题（陈涛和王怡，2022）。导致科普展品研发缺口凸显的主要原因有以下几点。首先，部分科普场馆缺乏专业研发团队，导致新展品的开发缺乏专业性和系统性；其次，资金投入不足，部分地区的政府和企业在科普展品研发方面投入不足，导致无法满足科普展品更新和研发的实际需求；再次，科普场馆与科研机构、高校等之间存在信息沟通不畅的问题，这也使得优秀的科研成果无法转化为科普展品；最后，科普展品的评价体系不完善，导致场馆在研发展品和选择展品时缺乏科学依据。

（六）缺乏对公众需求的研究

现阶段，我国大部分科普场馆将科普展品作为核心，对科技馆的研究仍然停留在对科普展品的设计上（莎仁高娃等，2022），而较少从公众角度出发，对科普展品进行设计策划与研发创新。因此，对公众需求的研究不足是目前科普展品发展面临的一个重要问题。这不仅影响了科普展品的吸引力，还阻碍了公众对科学知识的有效获取。

第一，科普展品的设计常常缺乏针对性。虽然大多数科普展品都面向广大的公众群体，但实际上，不同年龄段、职业背景、兴趣爱好的人对科普展品的知识获取需求是不同的。科普展品的相关研究往往忽视了对公众需求的研究，导致科普展品缺乏吸引力，无法满足公众的个性化需求。

第二，随着科技的不断发展，公众通过科普展品的参观和学习的需求从科学知识的获取转向通过获取已有的科学知识生成新兴的关于科学的认识上。然而，对公众知识获取需求的调查与研究不足，导致一些科普展品长时间未更新，展示内容与现实科技发展脱节。这使得公众无法从中获取最新的科学知识，科普展品的价值也大打折扣。

总而言之，科普展品资源的受众较广，不同年龄段、知识水平的公众对科普展品的需求存在差异，对关于科普展品的公众意向开展持续性调查和研究有助于满足公民的个性化需求，使得展品更加贴近公众实际，进而促进科普场馆的持续发展。

（七）基础科学类成果难以呈现

目前，科普展品资源存在基础科学类成果较少且难以呈现的问题。其中一个重要原因在于，大部分基础科学类成果具有高度的抽象性，不仅可能涉及过于宏观或微观的尺度，甚至可能具有反直觉属性（李博，2021）。例如粒子、原子、分子等微观世界，以及宇宙、星系等宏观世界，这些基础科学类研究领域与公众的日常生活相去甚远，加大了被公众理解的难度。与此同时，一些基础科学类成果的研究过程和研究结果往往需要依托大量的实验与数据分析，只能通过数学语言、数据图表等晦涩难懂的表达形式展现给公众，因而难以在场馆直接展览。此外，一部分基础科学类成果需要使用专业的仪器和设备才能够进行展示，而且需要专业的技术人员进行设计、制作和讲解。这在成本和可行性等方面都存在一定的困难。基础科学类成果作为科学技术发展的重要源泉，仍然是科普场馆在展览重大、前沿、开创性的基础科学类成果时所难以回避的话题。

（八）忽视科学精神的传达

科普展品是具有科学理性的内核和人文感性的外壳的特殊产品（梁沂滨，2002）。目前，我国多数科技馆仍将美观性、互动性、参与性作为科普展品设计的核心，过度强调科普展品的外在属性，而忽视了科普展品的科学理性内核，这导致科普展品缺乏深度的科学内涵和思想价值。

过度强调科普展品的外在属性而忽视展品的科学理性内核，往往只能吸引公众的短暂注意，而无法激发他们对科学问题进行深入的思考和理解，体会展品中蕴含的科学故事、科学思想、科学精神等。这导致科技馆将设计理念停留在科学理论和科学知识的传播上，对于优秀展品的认识较为肤浅，忽视了科普展品向公众传达其内在科学思想和科学精神的科学理性的内核，使科技馆的功能变得单一，仅仅停留在传播科学知识层面，而无法实现启发公众的科学思维、提高全民科学素质的更深层次的目标。

第二节　科普展品资源的国内外案例

一、国内科普展品资源案例

（一）中国科学技术馆的恐龙化石

中国科学技术馆"恐龙广场"展项中的三具真实恐龙化石展品一直以来备受观众瞩目（龙金晶，2016）。三具恐龙化石均为在云南省禄丰市发掘的实物，是中国境内典型的恐龙化石代表，具有极高的观赏价值和研究价值。

三具恐龙化石体积庞大，对布展环境有着特殊的要求。为达到最好的观赏效果，在布展的空间选取上，中国科学技术馆工作人员将恐龙化石的展示区域选定在该馆新馆的中央大厅，观众可乘坐观光电梯，从不同角度观赏恐龙化石。

为突出恐龙化石的观赏价值，营造远古时代恐龙的真实生活场景，中国科学技术馆将恐龙展台仿制成恐龙化石发掘地的真实地貌，辅之以多媒体展示技术和丰富绚烂的展示灯光，还原恐龙化石出土的真实场景。在布展设计上，中国科学技术馆将恐龙化石的造型设计成为肉食性中国双脊龙与植食性许氏禄丰龙相互搏斗、阿纳川街龙在一旁观战的生动场景。此外，恐龙化石展品大胆突破了珍贵实物严格防护的围栏界限，以便观众能够近距离接触恐龙化石，触摸展台边缘零散的化石实物。

恐龙化石展品内容丰富，展览主题突出。"恐龙广场"展项以"生命与自然的密切关系"为主题展开，集思想性、知识性、趣味性、观赏性于一体。走进展厅，恐龙世界惟妙惟肖，引发公众对生命科学主题的深思：恐龙生活在怎样的自然环境中？恐龙为什么会灭绝？应该怎样保护生物赖以生存的大自然？

（二）国家海洋博物馆的"今日海洋"

"今日海洋"展区是国家海洋博物馆的一道亮丽风景。该展区包括地球海洋、生命海洋、保护海洋三大展区的展品。展区展品以海洋生物分类为科学理论依据，以现代化的展陈设备为依托，以海洋生物行为特点为故事蓝本，结合展陈环境的烘托，编写了海洋生物展品背后的动人故事（王玉，2022）。"今日海洋"是体现人文艺术旨趣与科学技术手段融合统一的宝贵展品资源。

在展品的艺术形式设计上，"今日海洋"展区的主色调选用了象征大海的天蓝色，并辅之以灰色的说明牌，逐渐递进色调层次，以北极标本为主，以蓝白色抽象形体代表冰块，顶部为冰锥造型，北极风景图配合极光，将公众带入一个丰富多彩的北极世界，体验身临其境般的海洋氛围。在钢架结构上，采用直线与曲线的完美结合，营造清新素雅的展厅氛围，激发公众探寻大海神秘之处的求知欲望。展区展品陈列采用多媒体触摸屏，解决了展板信息内容有限的问题，为公众提供了一部小型的"百科全书"。除了依靠视觉艺术渲染展品价值外，"今日海洋"展区的展品还通过多媒体新兴媒介、声光电三维体验、虚幻影像等为公众营造自然沉浸感。例如，鲸落生态系统的展品以透明屏结合景观的方式，通过透明屏播放鲸死后被其他生物蚕食等的场景，展现鲸落的完整形成过程。此外，公众还可以通过3D投影多媒体触摸屏体验从远古到现代的地球板块演变历程，多媒体互动装置助力标本"活"起来，给公众带来沉浸式的互动性体验。

艺术审美与科学技术的融合手段，使得"今日海洋"展区的展品为公众奉上了一场视觉盛宴与精神盛宴。通过对海洋物种及其生态环境的认识，更深入地体会海洋的神奇魅力，从而引导公众关注海洋、热爱海洋、保护海洋。

（三）内蒙古科技馆的"神舟飞船对接"

当前，科普展品正逐渐从静态陈列展示科学知识向交互式体验的方式转变。内蒙古科技馆的"神舟飞船对接"展品在挖掘观众需求的基础上，在交互式体验的方式上大胆突破，让观众体验飞船的对接过程。

"神舟飞船对接"展品的传统表现形式通常是以等比例缩小的静态模型展示，或是只展示舱内操作部分，并介绍其对接原理。内蒙古科技馆的"神舟飞船"则是1∶1高仿真模型，游客一进展厅即可感受到飞船带来的震撼。通过综合运用仿真控制技术、对接控制、互动多媒体系统，游客还可以进入飞船的轨道舱、返回舱，操纵神舟飞船与同为1∶1高仿真模型的"天宫号"目标飞行器进行空间对接。传统科技馆的飞船对接是通过游戏系统进行模拟，而内蒙古科技馆的对接是由参与者操纵飞船进行实体对接，在体验"神舟飞船对接"的过程中，从进入轨道舱、火箭升空及飞船入轨、交会对接、位置校准等一系列过程，都是由游客亲手操纵10米长的高仿真飞船进行实体距离约为2米的对接，这在国内是首次采用。而从开馆运行情况来看，展示效果也在极大程度上吸引了观众的兴趣，诸多观众纷纷想尝试亲手操纵神舟飞船的驾驶乐趣（萨其日呼，2017）。

（四）中国科学技术馆的"华夏之光"

中国科学技术馆"华夏之光"展区以"善于创新的国度，追求和谐的民族"为主题思想，采用主题式、故事线的形式，结合现代化手段对农耕文明时代的相关展品进行创新性展示。该展区主要包括水运仪象台、张衡地动仪、水转大纺车等一系列农耕时期的古代机械展品（贾彤宇，2016）。

水运仪象台展品去掉了古色古香的外观，将具有计时报时功能的结构全部显现给公众，便于公众更直观地观察其内部运行结构，并展现了利用流量稳定的水流和精巧的结构实现等时高精度的回转运动的全过程，体现水运仪象台计时、报时一体化的特征。在展示方式上，水运仪象台展品还体现了与观众的交互，即观众可以亲自参与转动河车的提水过程，直观感受古时水运仪象台运转过程。

张衡地动仪从发明至今已有1800多年，其内部构造、验震原理等一直以来激励着许多学者进行探索和研究。"华夏之光"展区的张衡地动仪展品展示了历年来中外学者对其的复原成果，并以王振铎先生的"倒立杆"模型、冯锐先生的

"悬垂摆"模型这两种不同结构的模型进行原理的演示。同时，展品还设置了震动平台演示地动仪的验震原理。通过这样的方式，将张衡地动仪验震原理在学术上的不同见解都展示出来，引导观众自己思考和判断，达到启迪观众创新的目的。

在丝织技术主题中，养蚕缫丝织造的展品采用微缩模型再现了古代从栽桑、养蚕、缫丝、染色、织造到做出成品的整个丝织技术流程。同时，运用多媒体影像讲述蚕的一生，通过实物展示蚕的标本、蚕茧、蚕丝和丝织品，在作坊中利用幻影成像技术，将真实的影像和虚拟的场景结合起来，使得展品极具生命力和趣味性，观众能够一目了然地了解古代先进的丝织技术流程。

"华夏之光"展区打破了过去按照学科分类自成一体的独立空间的格局，按照"善于创新的国度，追求和谐的民族"的主题思想展开，形成一条以农耕文明为主线的故事线布局，串联起中国古代的技术发明和科学探索、中外科技的交流与融合，使观众有如身临其境，穿越时空，回到古代体验劳动人民发明创造的智慧结晶。同时，展区结合多媒体技术，使得多种信息集成为一个交互式系统，调动人的多种感官，使许多抽象的内容变得生动有趣、容易理解。

（五）中国科学技术馆的"人体保卫战"

数字游戏化展品正逐渐成为科普展品的展示趋势。中国科学技术馆的"人体保卫战"展品就是体现展品数字游戏化的典型案例。

"人体保卫战"不仅有呈现人体器官、细菌、病毒等的实物模型类科普展品，还以流感传播为故事线，以虚拟场景式这一新颖的科普展品数字化展示形式，为观众揭秘人体抵御病毒、细菌等入侵的机理。"人体保卫战"主要通过三个场景来模拟人体鼻腔、咽喉、气管抵御病原菌的屏障防线，进而为观众揭示它们阻止病毒、细菌或其他异物进入人体内的功能机理。

"人体保卫战"以数字化游戏的形式，设置三道关卡，每一道关卡都与其相应的场景对应，并模拟了人体的鼻腔、咽喉、气管三大主要器官的工作过程。在这三道关卡中，观众可以在数字化技术的支持下，沉浸式地"化身"成为鼻毛、黏液、气管里的纤毛，同时，观众可以挥动手中的狙击棒，在每一道游戏关卡中与扑面而来的细菌和病毒作战，阻止细菌和病毒的入侵。每一道关卡都会根据观众挡住的细菌和病毒数量进行打分，以最终通过三道关卡挡住的细菌和病毒总数，来判定游戏参与者的身体健康情况，并通过对比不同的身体健康情况，获得关于感冒、防病等方面的知识，倾听"令人惊异的抗体"这一人体抗击病原的免疫机制。

已有研究对"人体保卫战"展品体现的数字游戏化的科普展品形式及观众学习效果进行了问卷调查。调查结果表明，观众在没有条件限制的情况下，倾向于选择与游戏相结合的交互式、数字化的学习活动。观众通过"人体保卫战"展品的数字游戏化展示形式体验，绝大部分能够获得较好的学习效果（褚凌云等，2016）。

二、国外科普展品资源案例

（一）日本科学未来馆的 Geo-Cosmos

Geo-Cosmos 是日本科学未来馆的标志性科普展品，被称为"镇馆之球"。Geo-Cosmos 通过 1000 万像素以上的高分辨率生动再现了闪耀在太空的地球形象。Geo-Cosmos 不仅有着精彩纷呈的外观和数字化的展览形式，还能够引导观众跳出局限，从更高层面观看自己所处的地球-宇宙空间。它蕴含着地球上的大气、水、生命等元素相互关联的系统思维方式与哲学整体观的人文教育价值（姚利芬，2015）。

Geo-Cosmos 是根据日本科学未来馆馆长、日本航天第一人毛利卫先生"希望能够与更多的人共同分享从宇宙看到的美丽地球"的愿景而设计的。在直径6.5 米的球体表面镶入了 100 万个发光二极管，映射出地球上精彩纷呈的景象。球幕上展现的内容包括：①"今天的地球"，是从气象卫星上拍摄到的地球云层合成后的图像，每天都在根据当天早晨的地球景象而不断更新；②"地球的四季"展现了卫星所拍摄到的美丽地球，既可以看到北方的积冰随着冬天的来临而逐渐扩散，还可以看到夏季来临之际，陆地漾起的一片绿波；③"气温变化模拟系统"展现了未来的气候变化，通过模拟系统的数字化技术，能够预测从现在到2100 年的气温状况；④"大海的植物生产量"展现了营养丰富的极圈附近大海里高效的光合作用；⑤"英格·甘特（Ingo Gunther）的艺术内容"版块展现了20 多年来以地球仪作为画布来传达甘特先生的新内容，即通过语言和图形来讲述人类行为所带来的结果；⑥"万物关系之源"通过多媒体影像展示的方式，介绍了地球上如大气、水、生命等彼此之间相互依存的关系之源。

（二）日本科学未来馆的"哆啦 A 梦科学未来展"

日本科学未来馆曾于 2010 年举办过一场"哆啦 A 梦科学未来展"，借助科幻与艺术交融的奇妙，将展品蕴含的科学理念传递给公众。

《哆啦 A 梦》是众多青少年从小观看的动画片，许多青少年都希望能够亲眼看一看哆啦 A 梦的神奇道具。"哆啦 A 梦科学未来展"的设计者，将科幻与科学进行有趣结合，让大家能够体验到最新的科学技术，旨在通过哆啦 A 梦这一广受欢迎的角色，引发观众对未来科技和未来生活的思考。

"哆啦 A 梦科学未来展"分为两个主题，即"与哆啦 A 梦一同生活的未来"和"法宝与科学技术的梦世界"。"与哆啦 A 梦一同生活的未来"以哆啦 A 梦这一角色为中心展开，探讨了仿生家居机械人的发展进程，以及未来机械人与人类共同生活和沟通的可能性。通过多种科技展品的展出，显示了运用现代科学技术造出哆啦 A 梦神奇道具的可能性。

在诸多展品中，观众能够看到在空中自由飞翔的"竹蜻蜓"，以及由此获得灵感而制作的世界上最小的单人直升机"GEN H-4"展品、由"隐形斗篷"联想而来的能够造成视觉错觉的"再归性投影技术"等。与此同时，观众还可以看到《哆啦 A 梦》动画片中经常出现的科幻武器展品，如迷你直升机、隐形斗篷等。这些展品不仅能够为公众再现科幻世界的秘密武器，还能够从科技的角度展示其中的科学奥秘。

（三）美国旧金山探索馆的 Sun Painting

Sun Painting 是美国旧金山探索馆中一件引人注目的科普展品，它由艺术家罗伯特·穆勒（Robert Müller）创作，充分展现了光与色彩的魅力。此展品不仅能够向观众展示光学相关的科学原理，而且充满了艺术想象力与创新，是旧金山探索馆中兼具科学性与艺术性的展品。

Sun Painting 展品的主体部分是由一面阳光反射墙和三棱镜构成的。当阳光照射在墙上时，就会散射出美丽的彩色光束。观众可以看到七彩光环交织在一起，并随着光线的变化呈现出不同的色彩效果。Sun Painting 展品运用了光线反射与折射的自然现象，让观众能够直观地看到光是如何在物体上反射、折射，再分散成不同颜色的，即光的色散的科学原理（刘玉花和莫小丹，2021）。

在艺术设计上，穆勒还为这件展品加入了多媒体展示手段。利用全息投影技术，每当观众接近 Sun Painting 阳光墙时，就会被彩色光束环绕，获得一种独特的视觉体验，仿佛置身于一个童话般的世界。

此外，Sun Painting 展品还体现了交互性。观众可以通过亲自手动旋转三棱镜来改变光线的方向，进而呈现出不同的色彩组合。这种互动方式使得观众能够通过亲身体验，更加深入地了解展品及其背后蕴含的科学原理，体会科学与艺术结合的美妙与魅力。

（四）美国国家航空航天博物馆的"人类探索宇宙"

美国国家航空航天博物馆位于华盛顿特区，是美国最受欢迎的博物馆之一，其中一个特别引人瞩目的展区是"人类探索宇宙"（中国数字科技馆，2022）。

"人类探索宇宙"展区通过丰富的展品资源展现了人类对宇宙探索的历史和成就。该展区的展品资源汇聚了来自全球各地的航天器残骸，如美国的"双子座"和"阿波罗"任务、苏联的"东方"任务的航天器残骸等。这些曾经在太空中翱翔的英雄，如今静静地躺在展台上诉说着一段段壮丽的航天历史。此外，该展区还陈列了一些珍贵的太空服、飞行器模型及科学实验设备等展品资源，让参观者能够更深入地了解宇航员们的生活和工作。同时，为了让参观者获得更加身临其境的体验，该展区还借助数字化手段，设计了观众与展品的交互环节。例如，通过虚拟现实技术和多媒体技术，参观者可以亲身体验在太空站中生活的感觉，或者模拟操作航天飞机。

通过展品互动项目的设计，"人类探索宇宙"展区的展品已不再是冷冰冰的物品，它们不仅让参观者对航天工作有了更深入的了解，更激发了他们对科学的热爱和对未来的期待。因此，"人类探索宇宙"展区的每一件展品都代表着人类探索宇宙的决心，是人类探索宇宙的勇气与智慧的象征。

（五）美国自然历史博物馆的 Our Senses

美国自然历史博物馆曾推出 Our Senses（"我们的感官"）这一大型展区。该展区的科普展品打破了传统的实物模型、图文匹配的展览方式，而是采用一系列令人惊叹的互动式、沉浸式数字化展示，让观众能够亲身体验到自己的感官是如何运作的，以及这些感官是如何让我们感知周围世界的（迈克尔·德贝扎克等，2018）。

Our Senses 位于美国自然历史博物馆的中央大厅，由多个六角形的小屋组成，每个小屋代表人类的一种感官，包括视觉、听觉、嗅觉、味觉和触觉等。公众可以进入每个小屋，通过各种数字化技术和多媒体技术进行互动体验，了解人的感官如何相互关联。例如，在视觉小屋，公众可以欣赏到从古至今各种动物的图片和视频，包括那些已经灭绝的物种的图片和视频。通过 3D 眼镜和全息投影技术，公众可以亲身体验到动物的视觉世界。听觉小屋则可以让观众聆听大自然的各种声音，公众可以在这里感受到动物们是如何通过声音来感知世界的。嗅觉小屋充满了各种气味，从鲜花的香气到腐肉的臭味都有。在这里，公众可以了解到动物们是如何通过嗅觉寻找食物、感知危险和相互交流的。味觉小屋提供了一些动物的食饵，公众可以品尝到它们的味道，并了解到动物们的饮食习性。触觉小屋则让观众通过触摸动物标本和模拟动物行走的地面，来感知它们的触觉世界。

总之，Our Senses 为公众呈现的科普展品能够通过多媒体技术和数字化技术的融合，赋予不同展品极具创意的交互式特征，不仅为公众展示了人类与自然的联系，还强调了保护自然环境、保护自身感官和健康的重要性。

（六）哈佛自然历史博物馆的"生命进化之树"展品

"进化"是生命科学中的核心概念，与人类生命和历史等息息相关。哈佛自然历史博物馆的"生命进化之树"虚拟互动展品是极具代表性的一个展品（Horn et al.，2016）。

"生命进化之树"将大量科学数据以可视化的方式展现给公众，从而为"进化"这一概念提供了一种趣味性、互动性的科普学习方式。该展品共包含 7 万个物种生命的进化过程，以大型科学数据库和先进的视觉化技术作为支撑，通过图像缩放互动接口，在多点触控屏幕上探索物种进化的历程。此展品主要利用名为 DeepTree 的互动式桌面应用系统，以展示 7 万个物种间谱系关系进化树的可视化互动。参观者能够从 35 亿年前的生命起源处开始，用自主触控的方式在屏幕上缓慢移动，最终可以观看到目前世界上现存的众多物种的进化历程。例如，在"查看物种关系"和"寻找物种"两个功能组块中，参观者点击屏幕，就会出现从进化树上一个物种节点飞向另一个物种节点的画面，飞翔时间视种间关系的远近而定。这样的动画效果不仅生动有趣，还有助于参观者根据飞翔时间的长短来判断物种之间的关系，促进他们对进化概念的理解（翟俊卿和毛天慧，2018）。

总之，"生命进化之树"这一数字化展品，能够依托大数据，将动态设计与科学知识有效结合，增强展品的可视性和互动性，为参观者提供更加个性化、创造性和人性化的展示服务。

第三节　科普展品资源的设计与开发

科普展品资源的设计与开发是推动科普场馆实现科普工作的重要源泉。为适应公民对科普展品需求的增长，国务院于 2021 年 6 月印发的《全民科学素质行动规划纲要（2021—2035 年）》提出"创新现代科技馆体系"，以解决公民科学教育资源需求增长和科学教育资源不足的矛盾，并提出通过加强实体科技馆建设和开展展教创新研发来构建服务于公民科学文化素质提升的现代科技馆体系。

鉴于科普展品的现状和现存问题，科普展品资源的设计与开发有以下原则与对策。

一、科普展品资源设计与开发的原则

科普展品的设计与开发需要遵循科学性、创新性、互动性、教育性和可持续性的原则。

第一，科普展品需要保证科学性。这意味着展品应准确、真实地反映相关科学原理和事实。在设计与开发过程中，应当对科学知识进行深入研究和理解，以确保展品能够准确地向公众传递科学信息。

第二，科普展品需要具有创新性，以吸引观众的注意力并激发他们对科学的兴趣。创新可以体现在展品的材料、设计、技术应用等方面，同时创新也可以帮助展品提升吸引力，使更多的公众愿意接触和了解科学。

第三，深入理解和体验科学需要科普展品具有良好的互动性。公众积极互动参与、亲身体验，可以开阔眼界，在近距离接触科普展品的同时加深对其所蕴含的科学知识的理解与体悟，利于科普信息的生成与传播。

第四，科普展品的核心目的是科普与科学教育，在设计与开发展品时应考虑到如何最大限度地实现教育价值。这可能涉及展品的操作方式、展示方式以及与公众的互动方式。展品应当能帮助公众理解科学原理，提升科学素质，展品应当能最大限度地实现教育价值。

第五，在设计科普展品时，还需要考虑到其可持续性，包括展品的环保性、耐用性及可维护性。环保的展品可以帮助公众提升对环保问题的关注度，耐用的展品可以减少更换和维修的频率，可维护性则有助于降低运营成本。

二、科普展品资源设计与开发的对策

1. 协同多方社会力量

科普展品作为科学教育的重要载体，其设计与开发需要融合多方社会资源，以实现其教育效果的最大化。《科普法》规定，科学研究和技术开发机构、高等学校应当支持和组织科学技术人员、教师开展科普活动。《中国科协科普发展规划（2021—2025 年）》提出"促进科研科普融合，开展科技创新主体、科技创新成果科普服务评价，支持和引导具有高质量科技资源的高校、科研机构、企业、科学共同体等开展科普工作"。

第一，科普展品的开发需要得到政府的大力支持。政府可以通过制定相关政策、提供资金支持等方式，鼓励和支持科普展品的设计与开发。同时，政府还可以通过与相关机构、企业等合作，共同推动科普展品的设计与开发进程。

第二，科普展品的开发需要借助高校和研究机构的人才资源。高校和研究机构拥有丰富的科研成果与人力资源，可以为科普展品的研发提供强大的智力支持和技术保障。例如，实现科技馆与高校合作，搭建一个科普展品创新研发平台，共同走出科技馆创新发展困局（陈涛和王怡，2022）。高校和研究机构还可以通过与相关企业合作，共同开发具有创新性和实用性的科普展品，为增加公众科学知识、提升公众科学素质、扎实推进科普实践活动提供支持。

第三，科普展品的开发需要各界专家的共同参与，主要包括科学家、研究人员、设计师、艺术家、教育专家、技术专家等。科学家和研究人员可以为科普展品提供最新的科学知识与研究成果，帮助设计更具吸引力和教育价值的展品。设计师和艺术家可以将科学知识以生动、有趣的形式呈现给公众，提高展品的观赏性和互动性。教育专家可以为科普展品的设计提供专业指导和建议，确保展品内容的准确性和科学性。技术专家可以协助制定展品的教育目标和评估方法，开发和维护科普展品所需的技术支持。

第四，科普展品的开发需要得到媒体和出版机构的积极参与及大力推广。媒体和出版机构可以通过宣传与报道科普展品的研发过程及成果，将优秀的科普展品出版成图书或音像制品，促进科学知识的传播，扩大科普展品的影响力和知名度。

第五，科普展品的开发需要得到社会各界的关注和支持。社会各界可以通过提供资金支持、参与研发过程、提供场地等方式，为科普展品的研发和制作提供帮助与支持。

总之，科普展品的开发需要融合多方社会资源，只有各方齐心协力、共同参与，才能共同推动科学教育事业的发展。

2. 加强数字化技术的应用

信息时代，数字化和新媒体技术已经渗透到生活的各个领域，包括科学教育等领域。科普展品作为科普的重要资源和载体，其开发也需要紧跟时代步伐，进一步加强数字化与新媒体技术的融合应用。

第一，数字化技术的应用可以提高科普展品的互动性和参与性。传统的科普展品以静态展示为主，参观者往往被动接受信息。数字化技术的应用可以使展品与参观者产生互动，使参观者更加积极地参与到科普活动中。例如，通过虚拟现实和增强现实技术，可以设计一个虚拟现实太空旅行的展品，让观众沉浸式感受宇宙的壮丽；或者利用增强现实技术为化石展品添加 3D 模型，使观众更直观地了解古生物。这种沉浸式的体验不仅可以提高参观者的兴趣，还可以加深他们对科学知识的理解。

第二，数字化技术的应用可以提高科普展品的可持续性和可更新性。传统的科普展品一旦制作完成，其内容和形式就很难改变，而数字化技术的应用可以使科普展品更加灵活和可更新。例如，通过软件和硬件的结合，可以实现展品的智能化控制和远程更新，从而延长科普展品的寿命并提高其使用价值。

第三，数字化技术的应用可以提高科普展品的针对性和个性化。不同年龄、背景和教育水平的参观者对科普展品的需求不尽相同。数字化技术的应用可以根据参观者的特点和需求，提供更加个性化和针对性的科普内容与服务，从而提高科学教育的效果和质量。

总之，加强数字化技术的应用是科普展品开发的重要方向。数字化技术的引入，可以提高科普展品的互动性和参与性、可持续性和可更新性、针对性、个性化，从而更好地满足现代科学教育的需求。

3. 推进新媒体技术的融合

科普展品的设计与开发应持续推进与新媒体技术的融合。中共中央办公厅、国务院办公厅印发的《关于新时代进一步加强科学技术普及工作的意见》中也强调了推进图书、报刊、音像、电视、广播等传统媒体与新媒体深度融合，鼓励公益广告增加科学传播内容，实现科普内容多渠道全媒体传播。同时，也引导主流媒体加大科技宣传力度，增加科普内容，增设科普专栏，大力发展新媒体科学传播。当前，新媒体技术与科普展品的融合已经有了丰富的实践。新媒体技术以独特的交互性、沉浸感和跨时空等特性，打破了传统科普展品的展示模式，极大地提升了科普展品的核心价值。

科普展品融合新媒体技术能够增强科普展品的互动性和趣味性。新媒体技术通过灯光技术、动画视频、全息投影、交互式触摸屏、动态捕捉等方式，将科普展品从静态的、单一的呈现方式中解放出来，实现科学、艺术、人文的融合，给观众带来视觉、听觉、触觉等的真实冲击，使科普展品变得生动、立体、可视化，为观众带来交互式、沉浸式的体验，增强观众探索科普知识的兴趣和热情。

新媒体技术能够通过互联网、移动设备等新媒体平台，拓宽科普展品的传播范围。这些新媒体平台可以覆盖到不同年龄段和不同领域的观众，让他们随时随地都能够接触到科学知识。同时，新媒体技术可以将科学知识转化为图像、音频、视频等，丰富科普的形式，进而提高科普展品的普及率。

新媒体技术可以提高科普展品的宣传效果。通过社交媒体、短视频等新媒体平台，科普展品可以得到更广泛的宣传和推广，使科普展品的宣传信息快速传播，吸引更多的观众前来参观。此外，新媒体平台对科普展品的宣传效果也可以通过数据分析和反馈机制得到进一步的优化。

4. 充分考虑公众需求

科普展品设计应遵行可用性原则，对于观众来说，要能满足易于理解和操作、可靠耐用、美观有趣、对操作有所预期这几个方面（陆源，2014）。在科普展品的设计上，除考虑展品自身的价值，还应注重从科普对象的角度出发，充分了解科普对象的需求，并综合考虑科普对象的特点，进而确定科普展品的研发方向和内容。

第一，科普展品开发要符合公众的认知水平。科普展品的主要目的是面向公众传播科学知识，因此其开发必须充分考虑公众的年龄段、教育背景与知识水平等，开发适合其认知水平的科普展品，使公众更加易于理解和接受科学知识，提高科学教育的效果。例如，我国科普的重点受众群体之一为少年儿童，那么在科普展品的设计开发与展示中，就要充分考虑少年儿童的心理和认知特点，选取具有交互性、创意性的展品取代阅读展板的文字，从而达到更好的科普效果。

第二，科普展品开发要满足公众的兴趣爱好。可以通过民意调研、观众反馈等方式，充分了解不同人群对科学知识的需求和兴趣，有针对性地为不同群体开发相应的科普展品，更好地激发公众对科学的兴趣和热情，提高科学教育的参与度。

第三，科普展品的开发要贴近公众的生活实际。科学知识不仅仅存在于书本中，还与公众的日常生活息息相关。因此，科普展品的开发需要贴近公众的生活实际，将科学知识、原理等融入公众的日常生活中。例如，通过展示日常生活中的科学现象和原理，让公众更加直观地了解科学知识，提高科学教育的实用性。

第四，科普展品开发要注重公众的互动体验。科普展品不仅仅是展示科学知识的工具，还应该是一种互动体验的载体。通过让公众参与其中，亲身体验科学原理和现象，加深公众对科学知识的理解和记忆，提高科学教育的趣味性。

因此，科普展品的开发要在考虑科普展品自身价值与功能的同时，综合考虑公众的需求和特点，以此作为科普展品设计与开发的方向和目标，进而开发出更加符合公众需求的科普展品，从而提高科学教育的效果，促进科学知识的普及和传播。

5. 推进流动科普资源建设

流动科普是我国科普事业的重要组成部分之一，具有流动性、科学性和适用性等，主要分为流动科技馆展品和科普大篷车车载展品两类，在基层科普工作中发挥着重要作用。流动科技馆主要服务于县城，科普大篷车主要服务于农村地区，通过各类科普设施的相互配合，最终实现资源的优化配置。因此，流动科普资源建设能够将科学知识传播到偏远地区和广大农村。推动并加强流动科普的建设，提升流动科普展品的展示效果，是有效解决我国科普展品资源分布不均衡这一现实问题的手段。

一方面，创新展示手段与展示内容。目前，流动科普展品选取较多的还是传统形式的展品，具有创新互动形式展品的应用较少。流动科普展品在保证准确传递相关科学知识的基础上，可以通过创新展示手段和展示内容来提升展品的科普效果，主要可以通过引入更多种科普资源和拓展科普主题内容。例如，流动科普展品的设计与开发可以结合当地的文化特色和科技发展状况，设计出符合观众需求的科普展品。

另一方面，加强布展氛围烘托。由于环境的制约，流动科普展品缺乏像科技馆、博物馆等科普场馆的大型布展处理，以及环境灯光的氛围辅助。为提升流动科普展品的效果，仍然可以通过精心的空间规划、合理的平面布局、巧妙的灯光控制、适宜的色彩搭配，以及各种独特的创意策划，将科普内容有效地传达给观众。在空间环境有限或者灯光条件固定的情况下，流动科普展览可通过展品的设计和展板的配合，增强展示氛围。例如，可将图文展架设计成具有设计感的异形等特殊形状，与展示的主题相结合，创造出更有氛围的展示环境。同时，多媒体技术的融入也是增强布展氛围的有效手段。这样的布展氛围设计能带给观众更为直观和深入的科普体验（李璇，2023）。

6. 聚焦时事热点资源

科技进步和社会发展，为科普不断提供新的生长点，使科普工作具有鲜活的生命力以及浓厚的社会性和时代性。科普展品的开发更应紧跟时代步伐，聚焦时事资讯。

科普展品的设计与开发应聚焦时事热点资源的原因主要有以下几个。

第一，科学教育的时效性。现代科技发展日新月异，新的科学发现、技术发明与社会热点问题层出不穷。科普展品作为传播科学知识的工具，如果不能及时更新，跟上科技发展的步伐，就难以满足公众对科普知识的需求。因此，科普展品开发需要关注时事热点，把最新的科学知识和技术发明通过展品展现给公众。

第二，提高科学教育的吸引力。当科普展品与现实生活、社会热点问题密切相关时，公众更愿意关注并深入了解相关的科学知识。把抽象的科学技术与具体的实际应用相结合，有助于公众更好地理解和应用科学知识。

第三，时事热点资源使科普展品的内容紧贴当前社会的发展脉络和科技趋势，从而提升其现实意义和社会价值。例如，随着人工智能、生物技术等科技领域的新发展，相关的科普展品能够帮助公众了解这些领域的最新动态和未来走向。

科普展品开发聚焦时事热点资源的策略包括：首先，科普展品开发团队建立快速响应机制。包括组建由专业人士组成的开发团队，加强与科研机构、专家学者的合作，以便在第一时间获取最新的科学知识和技术发明，并将其转化为科普展品。此外，还需建立一套灵活的开发流程，以便在出现新的社会热点问题时迅速调整开发方向。其次，深入挖掘热点问题的科学内涵。在开发科普展品时，应深入挖掘时事热点的科学内涵，将其与相关学科知识紧密结合，这不仅有助于揭示热点问题的本质，还能向公众普及相关的科学知识。最后，加强跨界合作与创新。跨界合作可以带来多学科的知识和视角，有助于从不同角度深入剖析热点问题。创新则是推动科普展品与时俱进的关键。通过引入新技术、新理念，不断尝试新的展示手法和传播方式，使科普展品更具吸引力和时代感。

总之，科普展品的创新开发要善于紧抓热点、把握重点、突破难点、突出亮点，提高科普服务的科普时效和质量，更加贴合民意、贴近民生，为群众办实事。

7. 注重科学精神的传达

科学精神是推动科技进步和创新的内在驱动力，也是提升公众科学素质的关键因素。因此，科普展品的设计和开发，不仅要注重科学知识的普及，还要重视其背后的科学思想、科学精神等，即注重科普展品中蕴含的科学精神的传达。

第一，科学精神是推动科学进步的源泉和动力。科学精神品质使得科学家能够不断勇于探索未知领域，挑战传统观念，发现新的科学规律和技术。在科普展品的开发与设计中，可以通过展示科学家的故事、科学发现的过程、科学实验的方法等，让观众了解并感受到科学精神的存在，从而激发他们的好奇心和探索欲望。

第二，科学精神是提高公众科学素质的关键因素。科学精神蕴藏着人类对科学的信仰、尊重和热情。在科普展品的开发与设计中，可以通过展示科学原理、科学方法和科学成果等，让观众了解科学的本质和特点，培养观众对科学的信仰和认同，激发观众对科学的热情和探索欲望。

第三，科学精神是推动社会进步的重要力量。在科普展品的开发与设计中，可以通过展示科学对社会发展的贡献，让观众了解科学在社会进步中的重要作用，培养他们对科学的信仰和尊重，激发他们对科学的热情和探索欲望。

综上所述，科普展品的开发与设计不仅要注重展示科学知识和技术，还要注重科学精神的传达，让观众更好地理解科学、热爱科学，进而推动科学的发展和社会的进步。

8. 体现人文艺术的融合

中国工程院院士潘云鹤说过：都说科学与艺术总是在山顶重逢，随着数字创意产业的发展，科学和艺术融合从创意的初始就融合起来，也就是两者从山脚就开始携手并进了。美国旧金山探索馆创立者弗兰克·奥本海默（Frank Oppenheimer）认为，艺术家和科学家都在观察自然，艺术家是表现自然，科学家则通过观察、实验发现自然的本质。中国科学技术馆王恒研究员认为，科普展品包含的因素由智力因素（即科学性）和艺术因素（即艺术性，包括趣味性、娱乐性、参与性）组成，展品的艺术性和科学性同等重要，二者都是展品最基本的属性（王恒，2018）。因此，科普展品如果能同时从科学和艺术两个角度来诠释同一主题，则会让观众建立起一个更能认识事物深度与广度的全新观念。

第一，深入挖掘科普展品的人文内涵。科普展品开发不仅要注重科学知识的传递，更要关注其中蕴含的人文内涵。在开发过程中，应深入挖掘科普展品的历史、文化、社会、哲学等方面的背景和内涵，将其与人类文明的发展联系起来，使观众在了解科学知识的同时，还能够感受到人类文明的演进和智慧的结晶。例如，2018年11月1日，中国科学技术馆举办了"榫卯的魅力"主题展览。该展览以榫卯为核心科普展品，展示其在古代建筑、家具等不同领域，以及现代生产生活中的应用。榫卯的强大功能和精妙结构，给人以灵动俏丽、蓬勃向上的视觉享受和精神震撼，与此同时，还能够诠释中国古人阴阳互补、虚实相生的哲学思想，体现出力学功能与造型艺术、文化传统的紧密结合（张瑶和陈康，2019）。不仅如此，该主题展览还展出了当代艺术家的榫卯艺术品，为榫卯展品增光添彩。在公众对各种类型榫卯的拆解过程中，榫卯的科技内涵也得以展示。因此，该展览被媒体赞誉为"科学与艺术的精妙结合"。

第二，注重科普展品的艺术性设计。科普展品开发要注重艺术性设计，以提高其吸引力和观赏性。在外观设计上，可以采用流线型、立体感等艺术性较强的造型，以吸引观众的注意力；在色彩搭配上，要考虑到不同颜色对人的心理感受的影响，选择明快、鲜艳的色彩，以增强观众的视觉冲击力；在展品布置上，要充分利用空间、光线等元素，营造出独特的氛围和意境，打造沉浸式体验。

第三，培养具备人文艺术修养的科普展品开发团队。要想实现科普展品开发与人文艺术的有机结合，就需要加强开发人员的人文艺术素养的培养。科普展品开发人员不仅要具备科学知识，还要具备一定的人文素养和艺术鉴赏力。因此，要加强相关培训和学习，提高开发人员的综合素养与创新能力。

总之，科普展品开发与人文艺术的结合是未来科普事业发展的必然趋势。只有将科学与人文有机融合在一起，才能更好地满足公众对科学知识的需求，同时也能够提高科普展品的吸引力和观赏性。

理解·反思·探究

1. 科普展品资源包括的范围有哪些？

2. 根据自己的所见所闻，思考科普展品资源存在的问题并提出解决对策。

3. 举例说明国内外的经典科普展品资源。

4. 结合实际，谈谈如何进行科普展品资源的设计与开发。

本章参考文献

陈涛，王怡. 2022. 馆校结合与科技馆展品创新发展. 山西财经大学学报，44（S2）：169-171.

褚凌云，马超，白俊峰，等. 2016. 科技馆数字游戏化展品的展示效果研究——以中国科技馆展品"人体保卫战"为研究样区//束为. 科技馆研究文选（2006—2015）. 北京：科学普及出版社：609-612.

贾彤宇. 2016. 中国科技馆新馆"华夏之光"展厅古代科技内容展示的突破与创新//束为.科技馆研究文选（2006—2015）. 北京：科学普及出版社：29-32.

李博. 2021. 科技成就类科普展品的展示创意——以"创新决胜未来——庆祝改革开放40周年科技成就科普展"为例. 自然科学博物馆研究，6（6）：69-77，95.

李璇，洪先亮，张爱群，等. 2023. 流动科普展品特点及展示效果增强的改进建议. 科技视界，（11）：13-17.

梁沂滨. 2002. 科普产品市场化杂谈. 企业技术开发，（S1）：44

刘玉花，莫小丹. 2021-03-05. 美国旧金山探索馆：让科学绽放艺术之美. 科普时报（8）.

龙金晶. 2016. 从中国科技馆"恐龙广场"展项布展看科技馆展示理念的新动向//束为. 科技馆研究文选（2006—2015）. 北京：科学普及出版社：364-367.

陆源. 2014. 现代科普展品的可用性设计原则. 科协论坛，（10）：23-25.

迈克尔·德贝扎克，张世秀，王钰琪，等. 2018. 感官影响知觉：七种意想不到的方式. 英语世界，37（6）：63-66.

萨其日呼. 2017. 浅谈互动体验对科普展品的重要性——以"神舟飞船对接"为例. 内蒙古科技与经济，（2）：36，38.

莎仁高娃，徐开，崔敏杰，等. 2022. 推动科技馆科学教育创新发展：美国探索馆经验与启示. 科学管理研究，40（5）：154-162.

"数字化科普资源标准研究"课题组. 2017. 数字化科普资源标准研究报告//束为. 科技馆研究报告集（2006—2015）（下册）. 北京：科学普及出版社：953-983.

王恒. 2018. 科学中心的展示设计. 北京：科学普及出版社.

王玉. 2022. 浅谈博物馆自然类展厅形式设计与展陈内容的有机统一——以天津国家海洋博物馆"今日海洋"展厅为例. 文物天地，（3）：56-63.

习近平. 2016. 为建设世界科技强国而奋斗——在全国科技创新大会、两院院士大会、中国科协第九次全国代表大会上的讲话. https://www.most.gov.cn/ztzl/qgkjcxdhzkyzn/xctp/201705/t20170526_133095.html[2025-02-13].

习近平. 2022. 高举中国特色社会主义伟大旗帜 为全面建设社会主义现代化国家而团结奋斗——在中国共产党第二十次全国代表大会上的报告. https://www.gov.cn/xinwen/2022-10/25/content_5721685.htm[2025-02-13].

姚利芬. 2015. 浅谈科普展品的人文教育功能. 海峡科学，（12）：3-5，14.

翟俊卿，毛天慧. 2018. 基于虚拟互动的场馆展品信息传播模型构建——以哈佛自然历史博物馆"生命进化之树"虚拟互动展品为例. 现代教育技术, 28（4）：61-66.

张瑶, 陈康. 2019. 站在科技、文化、艺术的交汇点——"榫卯的魅力"主题展览策展记. 自然科学博物馆研究, 4（1）：62-67, 87.

中国数字科技馆. 2022. 美国国家航空航天博物馆：沉浸式漫步在探索太空的征程中. https://www.cdstm.cn/gallery/gktx/202206/t20220623_1070859.html［2025-01-07］.

Horn M S, Phillips B C, Evans E M, et al. 2016. Visualizing biological data in museums: visitor learning with an interactive tree of life exhibit. Journal of Research in Science Teaching,（6）：895-918.

第五章

科普数字资源

要点提示

1. 科普数字资源的定义、类型和发展现状及存在的问题。
2. 国内外科普数字资源创新案例。
3. 科普数字资源的设计原则和开发流程。

学习目标

1. 了解科普数字资源的定义、类型、发展现状等。
2. 掌握科普数字资源的设计原则和开发流程。
3. 能够应用相关知识设计并开发科普数字资源。

2021年6月，国务院印发的《全民科学素质行动规划纲要（2021—2035年）》将科普信息化提升工程列为五大工程之一，提出要"实施智慧科普建设工程。推进科普与大数据、云计算、人工智能、区块链等技术深度融合，强化需求感知、用户分层、情景应用理念，推动传播方式、组织动员、运营服务等创新升级"。2022年9月，中共中央办公厅、国务院办公厅印发的《关于新时代进一步加强科学技术普及工作的意见》指出，要"充分利用信息技术，深入推进科普信息化发展，大力发展线上科普"。因此，准确把握数字化科普的战略高度，积极开发数字化科普资源，利用数字化平台或手段进行科普传播与科普，对提高我国公民科学素质、不断满足人民群众日益增长的精神文化需求具有非常重要的作用。

科普数字资源作为信息时代的产物，使得"高冷"高深、晦涩难懂的科学知识更亲民、更接地气，同时这种便捷高效的科普方式也拓展了科普的传播路径，是建设科技创新型社会有效的教育手段。科普数字资源是指以现代信息技术为支撑，以提高公众科学素质为目标，以数字化的文字、图形、图像、声音、视频影像和动画等为表现形式，通过数字技术生成并储存在数字介质上，且在电脑端、手机移动端等平台生态环境中流通的全部数字化科普资源，具有高度互动性、个性化定制、时效性强等特征。目前，在国内外，不论是科技社团、高校、科研院所还是企事业单位或个人，都非常重视科普数字化资源的开发、转化和传播。

本章将围绕科普数字资源的类型、发展现状、存在的问题、国内外创新案例及设计与开发流程等方面展开具体论述。

第一节　科普数字资源简介

一、科普数字资源的类型

随着 5G 移动互联网的迅速普及和融媒体技术的发展，数字化科普成为大众获取科学知识、提升科学素质的主流方式。当前，科普数字资源形式多样、内容丰富，因划分标准不同，有着不同的分类。根据现有科普数字资源的实际情况，我们将其分为科普网站、科普 APP、科普游戏、基于 SNS 平台的科普资源，以及新兴技术形态的科普资源等类型。

（一）科普网站

《中国科普市场现状及网民科普使用行为研究报告》中将科普网站定义为以科学信息为主要内容，以传播科学知识和科学方法、弘扬科学思想和科学精神为宗旨而建立的网站。科普网站是利用互联网传播科技知识的重要平台，通常包含丰富的科普内容，如科普文章、视频、图片、互动实验等，旨在向公众普及科学知识，提高公众科学素质。可以说，科普网站是科技发展到一定阶段的产物，是新媒体时代开展科普的有效渠道，也是科学共同体和大众沟通的重要纽带。

对中国公众科技网"科普网站导航系统"中收录的科普网站，根据主办组织或机构性质的不同进行分类，可划分为政府部门、大众媒体、教育机构、社团组织、科普场馆、科研机构、学会、个人、企业等主办的科普网站。基于主办方经费来源的不同，又可以将其归为政府主导型和社会力量主导型两大类。其中，政府主导型科普网站主要由政府、科协系统、科研教育机构等出资创办并负责管理，信息来源的科学性、严肃性、可靠性较高，代表性网站有中国科普网、中国科普博览等。社会力量主导型科普网站是由个人、企业或社会组织等创办，经费主要来源于自有收入、赞助、捐赠等多渠道筹集，其内容较贴近生活，语言风格通俗易懂，代表性网站有果壳网、36 氪等。

根据科普网站的内容属性不同，可以将其分为垂直型科普网站与综合型科普网站。垂直型科普网站的主要功能是传播科学知识，如"科普中国"等，这些网站大多由政府部门和科研机构等权威单位主办。综合类科普网站是指那些不以普及科学知识为首要任务，但是同样存在传播科学知识、在一定程度上具有科普功能的网站，主要由大众媒体和企业主办，内容上偏向于综合性、聚合类的科普信息，如新浪网、腾讯网等门户网站。

（二）科普 APP

随着智能手机和平板电脑的普及，APP 成为大众获取科学知识最常用的信息渠道。科普 APP 是指通过图文、音频、视频等多媒体形式专门为用户提供科普知识学习和探索的 APP，旨在提高公众的科学素质，激发公众对科学的兴趣和好奇心，促进科学文化的传播和发展。科普 APP 具有交互性强、便携性高、定制化、实时更新等特点，可以使不同年龄、具有不同兴趣和不同学习需求的用户选择各自感兴趣的科普内容进行学习。这些 APP 常常采用图文、视频、互动等多种形式，使得用户能够在碎片化时间内随时随地学习。国内较常见的科普 APP 有"科普中国"、果壳网及地方科学技术协会推出的科普 APP 等，这些科普 APP 通过科普信息分享、用户生成内容和社区交流等方式，构建了一个开放式的科普平台。

从功能视角划分，中国科学技术大学周荣庭教授在《运营科普新媒体》一书中将科普 APP 分为七大类，分别是：以"科普中国"为代表的咨询阅读类、以百度百科为代表的百科查询类、以 Animal Planet（动物星球）为代表的测试问答类、以 Beyond Planet Earth（地球之外）APP 为代表的辅助工具类、以美国自然历史博物馆藏品之 Encounter Dinosaurs（邂逅恐龙）APP 为代表的实用参考类、以 Discovery Kids（探索儿童版）为代表的游戏娱乐类、以团队文库档为代表的社交服务类。

（三）科普游戏

科普游戏是以电子游戏为载体进行科普的活动形式，其实质上是严肃游戏（serious game）在科普领域的一种概念拓展（周荣庭，2020）。它将科学知识嵌入游戏情境中，通过互动性和娱乐性引导用户学习，具有寓教于乐的独特属性。目前，科普游戏广泛应用于自然科学知识科普、非物质文化遗产科普及未来世界等领域。

相较于传统科普手段，科普游戏的最大优势在于能够让用户切换现实身份，并以全新的虚拟角色体验游戏内容或故事情节，产生及时的交互，得到及时的反馈。同时，因兼具科普和游戏的双重特征，科普游戏除具有教育性之外，还具有游戏的趣味性，能实现寓教于乐的教育目的，使用户产生独一无二的科普体验。

按游戏内容和目标分类，科普游戏可分为模拟游戏、逻辑游戏、探索游戏、实验游戏和交互式游戏等。其中，模拟游戏让玩家模拟某一过程或现象，以更好地理解它们是如何工作的，如物理学模拟游戏可以让玩家尝试建造和测试桥梁、塔和其他结构，以了解力学和物理学原理；逻辑游戏是一种帮助玩家思考和解决问题的游戏，如解谜类游戏；探索游戏让玩家探索科学世界，了解不同类型的生物、植物、生态系统和地球等领域的知识；实验游戏是一种让玩家进行科学实验的游戏，这些游戏可以帮助玩家了解实验设计、数据分析和科学探究的过程，如模拟化学实验的游戏；交互式游戏通过音频、视频、动画与玩家互动，进而传播科学知识。

（四）基于 SNS 平台的科普资源

SNS，全称 social networking services，即社会性网络服务，专指旨在帮助人们建立社会性网络的互联网应用服务。基于 SNS 平台的科普资源是指利用社交媒体平台和社交网络服务来传播科学知识、科普信息及科学教育资源的各类资源。这些 SNS 平台以其广泛的用户基础、高效的传播速度和强大的互动性，成为科普工作的重要渠道。该类别的代表性科普资源如下。

1. 微信小程序、微信公众号科普资源

微信是目前中国最大的即时通信软件，腾讯 2023 年第二季度财报显示，截至 2023 年 6 月 30 日，微信及 WeChat 的合并月活跃账户数已达到 13.27 亿个。微信小程序是一种不需要下载安装即可使用的应用，用户扫一扫二维码或者搜一下微信小程序名称就能打开应用，具有便捷性、轻量级、开放性及高效性等特征。微信公众号支持个性化订阅与实时推送，既是用户获取信息的便捷方式，也是发布、传播信息的独特载体。将数字化科普资源嵌入微信小程序或开通微信公众号开展科普工作，具有方便快捷、"病毒"式传播等优势。比如，上海科技馆于 2023 年发布的《朱鹮》微信小游戏，通过游戏的形式展现朱鹮视角的春夏秋冬，玩家可以与朱鹮一起接受觅食、求偶、躲避危险等挑战。

2. 社交媒体平台的科普资源

基于微博、抖音、YouTube 等社交媒体开展的科普活动，为用户提供了个性化科普知识汲取和社区化科普知识交流平台。一方面，基于社交媒体的科普传播互动性更强，允许用户之间进行实时互动，科普传播者可以直接与用户交流，回答他们的问题，获取他们的及时反馈，正是这种互动性增强了科普信息的传播力和影响力；另一方面，科普传播者可以根据社交平台上用户的兴趣和行为，提供

个性化的科普内容，提高信息的针对性和有效性。

（五）新兴技术形态的科普资源

新兴技术是指增强现实技术、虚拟现实技术、人工智能技术、语音技术及多模态人际交互技术等。新媒体时代，将科普工作与新兴技术深度融合，是创新科普传播形式、提高科普传播效果、实现科普工作高质量发展的重要举措。

1. 基于增强现实技术、虚拟现实技术的虚拟仿真实验类科普

增强现实技术通过计算机视觉、图形渲染和传感器技术，将虚拟信息叠加到现实世界中，实现现实与虚拟的无缝融合。在科普实验中，增强现实技术可以模拟实验器材、实验现象等，使学习者能够在现实环境中进行虚拟实验操作。虚拟现实技术利用计算机生成一个三维环境，并通过头戴式显示器等设备让用户沉浸其中，与虚拟环境进行交互。在科普实验中，虚拟现实技术可以构建出逼真的实验场景，让学习者仿佛置身于真实的实验环境中。基于增强现实技术、虚拟现实技术的虚拟仿真实验类科普，正在成为科学教育和科普宣传的重要手段。

基于增强现实技术、虚拟现实技术的虚拟仿真实验类科普具有直观性、互动性和安全性等优势，通过增强现实技术和虚拟现实技术，将复杂的科学原理和实验过程以直观、互动的方式呈现给公众，弥补了传统科学教育中实验条件受限的问题，不仅能有效增强公众对实验原理的理解，而且能够为公众提供更为丰富和安全的实验体验，提高科普的趣味性和有效性。但同时也面临技术门槛高、设备普及率低、内容质量开发要求高等挑战。目前，典型案例有国内的北京乐步教育科技有限公司开发的 NOBOOK 虚拟实验室、美国科罗拉多大学博尔德分校开发的 PhET Interactive Simulations 及卡内基梅隆大学开发的 ChemCollective 等平台。

2. 基于人工智能的数字人科普

基于人工智能的数字人，又称虚拟数字人、虚拟形象或人工智能虚拟助手，是运用人工智能、计算机图形学、动作捕捉、图像渲染等多种技术创造出来的，具有拟人或真人外貌、行为和特点的虚拟人物。它们能够与人类进行自然语言交互，提供多样化的服务和体验，随着人工智能技术的飞速发展，基于人工智能的数字人技术逐渐成熟并广泛应用于科普领域，这些数字人不仅具备高度逼真的外观和动作，还能通过自然语言处理、语音识别与合成等技术实现与人类的流畅交流，向用户呈现科学知识，并能够根据用户的需求提供个性化的科普体验与服务，提高科普的针对性、有效性和互动性。比如，2021 年 4 月 24 日，全球首位

"数字航天员"在 4K 超高清科学纪录片《飞向月球》（第二季）中亮相，讲述人是一个全虚拟、高仿真的数字宇航员，从视觉主创的角度，数字人能无缝与数字环境融合，实时进行互动，给观众带来极大的视觉冲击力（杨玉洁和李丹，2021）。

二、科普数字资源的发展现状

2024 年，我国网民总体规模持续增长，中国互联网络信息中心发布的第 54 次《中国互联网络发展状况统计报告》显示，截至 2024 年 6 月，中国网民规模达 10.9967 亿人，较 2023 年底增长 742 万人，互联网普及率达 78%，网民使用手机上网的比例达 99.7%（中国互联网络信息中心，2024）。根据 2024 年 1 月科学技术部发布的 2022 年度全国科普统计数据，2022 年，我国科普网站建设 1788 个，科普类微博建设 1845 个，科普类微信公众号建设 8127 个（科技部，2024）。我国科普数字资源的具体发展现状呈现如下特点。

1. 内容多样化、准确性高

我国科普应用程序主要覆盖历史人文、自然科学、生命健康、生态环保及公共安全等多个领域。为了确保科普内容作品的科学性，越来越多的科普数字资源提供商通过与专业科学机构、学术界的合作，确保其内容具有科学性和权威性。例如，"科普中国"等一些知名科普网站注重与研究机构合作，提供最新、最权威的科学研究成果解读，保证了科普信息的准确性和科学性。

2. 形式多元化、创新性高

除常规的图文、数据、音频、视频等科普可视化形式外，游戏化科普、沉浸式科普、交互性科普等新型科普形式正在打开科普新局面。随着科学技术的发展，科普数字资源还引入了人工智能、增强现实、虚拟现实及可穿戴设备等新兴技术。人工智能科普通过个性化推荐、智能答疑等方式提高用户体验；虚拟现实技术使得用户可以身临其境地参与科学实验；可穿戴设备结合生理反馈，使得科学知识的传播更具身体感知性。这类科普形式通过提供互动体验和趣味性内容来增加用户参与度及科普效果。

3. 传播平台多样化、轻量级化

科普数字资源传播平台呈现多样化和轻量级化的特点。传播平台的多样化体现为以下几个方面。一是平台类型多样化。不仅包括官方网站与数字科技馆平台，而且包括微博、微信公众号、抖音、快手等社交媒体平台，还包括"科普中国"、果壳网等专业科普网站。二是内容形式多样化。包括图片、文章、图文结合、短视频、直播与互动等多种形式。传播平台的轻量级化体现为以下几个方面。一是轻量化设计。平台在设计上注重轻量化，减少页面加载时间，提高用户体验感。通过优化页面布局、减少冗余元素、采用高效的编码和压缩技术等方式，实现平台的快速响应和流畅运行。二是移动端适配。平台注重移动端适配和优化，确保在不同尺寸和分辨率的屏幕上都能呈现出良好的视觉效果与用户体验。同时，还提供了便捷的移动端操作方式和功能设置，方便用户随时随地获取和学习科普知识。三是碎片化学习。平台注重碎片化学习理念的实践，通过提供短小精悍的科普内容、设置合理的阅读时长和间隔等方式，帮助用户在忙碌的生活中利用碎片化时间掌握科学知识。

4. 地方开发与管理力量壮大

国务院、科学技术部等政府部门通过制定科普政策、标准和规范，从顶层设计层面指导推动科普事业发展。随着国家对科普工作的重视，除政府部门、高校、科研院所和企业作为科普数字资源开发与管理的中坚力量外，地方科学技术协会、文化部门等在科普工作、科普资源数字化、科普资源本土化等方面也发挥了重要作用。作为地方性的科学传播机构，地方科学技术协会对当地的文化、教育、社会需求等有深入的了解，能够开发出更贴近当地民众需求的科普数字资源。同时，地方科学技术协会还能充分利用当地的科普资源，如科技场馆、科研机构等，为科普数字资源的开发提供丰富的素材和支撑。比如，近年来，中国科学技术协会、黑龙江省科学技术协会、陕西省科学技术协会、广西壮族自治区科学技术协会等越来越多的单位开发上线了专属科普 APP，不仅内容丰富、表现形式多样，而且展示了地方特有文化类信息。

5. 社会影响力越来越大

科普数字资源以内容通俗易懂、获取便捷、操作互动性好等特征，不仅在学校、科技馆等教育类、展馆类文化场景中发挥了积极作用，而且逐渐成为公众自主学习、获取科学知识的"第二课堂"。有疑问、遇到问题时第一时间求助权威科普数字平台已成为一种普遍选择，科普信息成为人们日常生活的知识"补剂"。为了满足人们多样化的科普知识需求，越来越多的科普资源提供主体形成了全媒体传播矩阵，包括网站、移动端、微信公众号、微博、抖音、快手等多个渠道，并根据各平台的资源发布特点和受众画像，创作高质量的科普作品。通过社交媒体平台用户分享与互动，形成了一个庞大的科普社群，提高了科普信息的传播速度，扩大了科普信息的传播广度，实现了科普传播效果最大化。

三、科普数字资源存在的问题

科普数字资源在传播科学文化知识、满足公众文化需求、提升公众科学素质等方面发挥了重要作用。当前，科普数字资源在内容、形式、用户体验及安全等方面存在诸多问题，本部分将对这些问题进行深入论述。

1. 内容层面的问题

（1）科学知识简单化、泛娱乐化。一方面，部分科普工作者对科普本身的含义认识狭隘，导致科普内容存在简单、片面的问题，具体体现为：重自然科学领域，轻人文社会科学领域；重基本概念、基础科学的传播，轻科学方法、科学思想和科学精神的普及。另一方面，为了迎合大众口味，一些科普数字资源有过度简化科学知识的倾向，这种过度简化可能导致用户对相关科学问题的理解变得过于片面，甚至产生误导。一些科普数字资源提供商为追求用户体量，过度强调娱乐性，导致数字平台科普的深度和准确性受到影响，难以满足用户对深度科普的需求。

（2）内容的科学性、权威性受到挑战。科学性、权威性是科普工作的首要标准，然而在实践中，科普数字资源内容并非总是经过专业机构的审核，尤其是在微博、YouTube等社交媒体平台上，用户生成的科普内容缺乏有效审核机制，科普内容可能包含虚假、有误的信息，这在一定程度上会影响用户对科学知识的正确认知。当前科普市场上，存在科普内容过于笼统、科普服务对象细分不够、没有更好地针对不同的受众进行内容划分（王向云，2016）、科普应用平台内容更新不及时等问题（Green，2020），这些在一定程度上降低了用户对科普数字资源平台的使用黏性。

2. 形式层面的问题

（1）表现形式的多样性和新颖性不足。在生产形式上，尽管数字化技术为科普内容提供了丰富的呈现方式，但部分资源仍显得单调乏味，过于依赖文字和图片，缺乏动画、视频、虚拟现实/增强现实等多元化、沉浸式的体验，难以激发公众尤其是年轻群体的兴趣和参与度。在传播形式上，尽管社交媒体、短视频平台等新兴渠道为科普信息的快速传播提供了便利，但部分科普资源未能充分利用这些平台的特性（如互动性、即时性），传播方式存在同质化的问题，导致传播效果有限，难以形成持续、系统的科普传播体系。

（2）平台双向交互性不够。双向交互性是指平台与用户之间进行双向的信息交流和反馈。具有良好双向交互性的平台可以提供更个性化、更具吸引力的用户体验。然而，目前市场上大多数科普数字资源只具有基本的交互功能，存在交互设计不直观或不符合用户使用习惯的现象。例如，有的科普 APP 存在导航结构复杂、界面元素布局不合理等问题，导致用户在使用过程中感到困扰，降低了他们的使用效率和满意度。有的科普平台缺乏有效的反馈机制，导致用户无法对平台的内容及服务质量提供反馈意见或者平台对用户的反馈意见响应不及时，一定程度上影响了用户的使用体验，降低了用户的使用黏性。

3. 用户体验层面的问题

（1）用户个性化需求未得到充分满足。部分数字媒体科普平台在设计和开发个性化服务时，缺乏足够的用户参与和反馈，导致服务可能无法真正满足用户的实际需求。尽管科普数字资源平台通过技术手段推荐内容，但一些应用的推荐算法可能过于简单，难以准确理解用户的兴趣和水平，导致推荐的内容不够精准。

（2）用户深度参与感不足。许多科普数字资源平台仍然停留在传统的单向传播模式，即信息提供者（如科研机构、专家等）向公众传递知识，缺乏公众的有效反馈和互动。这种模式下，公众往往只是被动地接受信息，难以形成深层次的参与和讨论。部分科普数字资源平台没有充分利用现代社交媒体和在线平台建立有效的互动机制。即使有些平台提供了评论和留言功能，但往往因为管理不善或响应不及时，导致用户的参与热情不高。

（3）社交功能属性缺乏。科普数字资源平台在设计和呈现时，往往忽视了社交属性的融入，缺乏社交元素，没有设置分享、点赞、转发等社交功能，使得用户难以分享有趣的科普内容，从而限制了内容的传播范围和影响力。科普资源的传播缺乏针对性的社群建设，没有形成围绕特定科普主题或兴趣爱好的社群，用户难以找到志同道合的伙伴，共同学习和交流。

4. 安全层面的问题

（1）AIGC 对科普数字资源的冲击。2022 年以来，AIGC 的低门槛准入性和便捷性，在方便用户进行数字内容创作的同时也可能会导致不良内容或有误信息的出现。同时，流量至上的时代，不可避免地会有故意传播低质内容或吸引眼球内容来博取流量的用户，一定程度上对数字媒体科普内容的安全带来威胁，降低了网民的信任感，对网络社会造成负面影响。

（2）用户隐私存在安全隐患。部分数字媒体科普平台在用户注册或使用服务时，未能清晰、明确地告知用户哪些数据将被收集、如何使用及是否会共享给第三方，这种模糊性可能导致用户在不完全了解的情况下授权平台收集其个人信息，平台及第三方对于用户隐私保护管理不善，可能导致安全隐患。一些平台为了提供更个性化的服务或进行精准营销，可能会过度收集用户的个人信息，增加了用户隐私泄露的风险。

第二节　科普数字资源国内外案例

一、国内科普数字资源案例

（一）科普网站典型案例

1. 科普中国

"科普中国"网（http://www.kepuchina.cn）是中国科学技术协会为推动科普信息化建设而打造的权威门户网站。该网站以"众创、严谨、共享"为宗旨，以"让科技知识在网上和生活中流行"为理念，贴近实际、贴近生活、贴近群众，通过先进信息技术有效动员社会力量和资源，协同各类传播渠道和平台，丰富科普内容、创新表达形式，向公众提供科学、权威、有趣、有用的科普内容。

在传播主体上，"科普中国"是中国科学技术协会主导的国家级科普品牌，中国科学技术协会是全国性的具有群众性、非营利性的社团组织，在推动"科普中国"的发展中，中国科学技术协会不仅发挥自身力量，而且积极寻求与新华网、百度、腾讯等互联网平台合作，推出"智慧+科普"计划、"互联网+科普"合作框架协议等，构建多元化科普网络，丰富科普内容，拓宽传播渠道，提升品牌影响力，对增强公民科学素养、推动社会科技进步与创新发挥了重要作用。例如，"科普中国"与新华网建设的"科技趋势大师谈"栏目，开启了中国科普信息化建设的新航程；与百度百科共建的"科普中国·科学百科"项目，致力于对科学类词条进行权威编辑与认证，打造知识科普阵地。

在表现形式上，"科普中国"网站注重多样性和创新性，采用图文、视频、动画、直播等多种形式呈现科普内容，不仅丰富了用户的使用体验，还使得复杂的科学知识变得直观易懂，增强了科普内容的吸引力和传播力。同时，"科普中国"网站还设有多个频道和专题，如前沿科技、健康生活、科普乐园等，以满足不同用户的兴趣和需求。

在内容特色上，"科普中国"网站的内容特色主要体现为：一是权威性。作为中国科学技术协会主办的科普平台，"科普中国"网站的内容经过严格筛选和审核。二是广泛性。网站内容分为前沿科技、健康生活、科普乐园、V视快递、实用技术、玩转科学等24个频道。三是实用性。注重科普知识的实用性和应用性，网站汇聚优质内容，策划专项专题；实时新闻导入，科学解读热点，帮助用户解决实际问题。四是创新性。紧跟科技发展趋势，不断创新科普内容和形式，以适应时代发展和用户需求的变化。

在互动体验上，"科普中国"网站注重与用户的互动体验，通过设置评论区、问答区、在线调查等互动环节，鼓励用户参与讨论和分享观点。此外，网站还定期举办线上活动和竞赛，如科普知识竞赛、科普视频创作大赛等，进一步激发用户的参与热情和创造力。这些互动体验不仅增强了用户对科普内容的理解和记忆，还促进了用户之间的交流和合作。

2. 中国科普博览

中国科普博览（http://www.kepu.net.cn）是中国科学院权威出品、专业打造的互联网科普云矩阵，是一个综合性的，以宣传科学知识、提高全民科学文化素质为目的大型科普网站。该网站以"科技创新为民"为宗旨，以"开放、互动、共享"为理念，以中国科学院科学数据库为基本信息资源，以中国科学院分布在全国各地的100多个专业研究所为依托，并扩散到全国一些著名的科研机构、科普机构，系统采集全国具有特色的科普信息，为公众提供跨越时空的科学实践平台。

在传播主体上，中国科普博览隶属于中国科学院计算机网络信息中心，具有顶级科学家资源优势，其科普专家顾问由中国科学院院长及国内一线专家组成，他们具备深厚的科学知识、广阔的国际科技视野及多年积累的传播能力，能够准确把握科技发展方向，为网站提供高质量内容。同时，中国科普博览积极与新华网、人民网等主流媒体合作，扩大科普内容的传播范围和影响力；与科技馆、博物馆等科普机构合作，共同举办科普展览和活动；与政府、科研机构、高校等合作，开展科普研究和项目。

在表现形式上，中国科普博览采用图片、文字、视频及超链接的方式，将多媒体技术、三维立体技术、全景虚拟技术、卫星遥感技术等结合，使受众获得身临其境的体验。比如以三亚卫星数据接收站接收环境为例，借助远程播报系统多图层叠加显示、图像漫游、鹰眼窗口、三维数据显示等，将地球上的山川、河流、草木等栩栩如生地展现在观众面前，有效提高科普传播效果。

在内容特色上，主要体现为：一是系统性。每个博物馆或专题都全面系统地介绍了某个领域的科学知识，结构清楚、层次分明。二是权威性。依托中国科学院的科研资源和专家团队，每个博物馆或专题都由该领域的资深专家亲自编写脚本，确保科普内容的科学性和准确性。三是丰富性。紧跟社会热点、剖析科学前沿，形成科普动态、科普纵览、科学大讲堂、科学论坛、专题透视、科学面对面、科学无限多个科普栏目；通过科学游戏、科学图吧、科学动画、科学影院等栏目集成和展示中国科学院科普资源，并向公众提供中国科学院 100 多家科普场馆、科普基地、科普网站的导航；把握新媒体的发展趋势，建立"手机博览网"等新媒体的科普形式。四是趣味性。从有趣的故事与现象说起，用通俗易懂、形象生动的文字，配有大量的动画与图片，由浅入深地揭开其背后的科学知识。

在互动体验上，中国科普博览网站通过开设科普活动、科普体验、科学求真营、虚拟博物馆等专栏与受众进行互动。其中，线上虚拟博物馆是该网站的一大特色，包括万物之理、生命奥秘、地球故事、星宇迷尘、科技之光、文明星火6 个主题博物馆，可以让公众更系统、全面地了解自然科学领域的知识。

（二）科普 APP 典型案例

1. 南通生物脸谱 APP

南通生物脸谱 APP 是 2022 年 4 月由南京大学环境规划设计研究院生物多样性团队开发设计上线的，是一款在生物多样性保护方面具有创新性、示范性和引领性的生物多样性保护相关 APP。

该 APP 具有生物脸谱智能识别、生物脸谱人工识别、南通市生物多样性本底数据库、南通市物种分布一张图生成四大主体功能。其中，生物脸谱智能识别功能支持用户通过"拍照识别"或"相册上传"来上传物种照片，并对照片进行自动定位和智能识别，用户只需拍摄或上传物种照片，APP 即可自动识别物种信息，并显示其在南通市的生存状况及受关注程度；生物脸谱人工识别功能支持当智能识别无法给出识别结果时，或用户想获得更加权威的物种鉴定结果时，可通过"人工识别"功能将照片上传至后台，由专家进行鉴别并反馈给用户，这一功能用以弥补智能识别的不足，确保识别结果的准确性和权威性；南通市生物多样性本底数据库收录物种的百科信息，并通过生物脸谱标识展示它们的生存状况，为公众提供深入了解南通生物多样性的窗口；南通市物种分布一张图通过电子地图形式展现南通市的物种分布信息，方便公众直观感受南通市的生物物种分布情况，具有直观、便捷的特点，能够帮助用户快速了解物种分布规律。

南通生物脸谱 APP 是一款集科学教育、公众参与、数据共享于一体的生物多样性保护相关应用，为南通市生物多样性保护事业注入了新的活力。2023 年 10 月在生态环境部科技与财务司组织的"生态环境科技成果科普化典型案例和优秀科普作品征集"活动中，南通市生态环境局制作的南通生物脸谱 APP 荣获生态环境部科普化十大典型案例。

2. "美丽科学"APP

"美丽科学"APP 项目团队主要由中国科学技术大学、清华大学及留学归国的硕博士团队组成，秉持"融合科学与艺术之美，激发求知欲"的理念，专注于科学可视化技术创新与产业化应用，打造融合科学与艺术之美的系列内容与平台产品，为科学教师打造专业备授课教学平台，帮教师上好每一节科学课，促进科技文化数字展示与青少年科学素质教育。

该 APP 的主要功能包括以下几个方面。一是课程资源可视化。以科学可视化教学资源为特色，倡导数字化观察、探究与教学。以"发现科学之美"为核心理念，通过显微摄影、延时摄影等特殊技术手段，开发视频、动画、图片、实验等多种形式的多媒体内容，将肉眼难以察觉的科学现象以直观、生动的形式呈现出来。二是个性化备课。教师可以在平台上进行个性化备课，利用平台提供的丰富资源和工具，设计符合自己教学风格和满足学生需求的教学方案，提高教师的教学效率，激发学生的学习兴趣和积极性。三是互动学习。学生可以通过平台参与到科学知识的虚拟互动实验中，猜测、验证一系列科学话题。即使没有实验设备，学生也能通过平台上的虚拟现实全景观察、显微缩放观察等线上资源进行观察探索。四是科学素质助学课程。平台旨在拓展学生的知识边界，提供具有特色的科学素质助学课程，帮助学生提升科学核心素养。

"美丽科学"APP 一经上线，就受到广大中小学的青睐，目前已应用于全国 17 000 余所中小学，覆盖 3000 万青少年，成为有较大影响力的国际科学文化与科学教育品牌。自 2015 年以来，"美丽科学"品牌曾先后荣获美国国家科学基金会"国际科学可视化专家奖"、德国红点奖与 IF 设计奖、中国科学技术协会"科普中国·十大网络科普作品"、科学技术部"全国优秀科普作品"、"吴冠中艺术与科学创新奖"等多项国内外荣誉，已传播应用至全球 150 余个国家与地区，助力"九章"光量子原型机等 40 余项前沿科技可视化传播，与苹果、三星、乐金等 50 多家国际科技品牌达成科学文化传播合作。

（三）科普游戏典型案例

1. 模拟类科普游戏《我是航天员》

《我是航天员》是由新华网与波克城市联合推出的科普手游，于 2023 年 9 月正式上线，在 iOS 和 Android 端均可以使用，旨在通过游戏互动，科普航天知识，帮助公众感悟中国航天精神，了解中国航天事业的伟大成就。同年，凭借高度具备社会关切的航天题材和寓教于乐的独特形式，荣获中国音像与数字出版协会主办的"2023 年度游戏十强优秀社会价值游戏"奖。

该游戏是一款圆梦航天模拟类游戏，玩家从零开始打造属于自己的航天小镇，在完成相应的科技学习与经营任务后进驻空间站进行实验研究。游戏中的科普内容多以生活化的经营场景为切入点，并在不同的游戏环节进行合理植入，如内嵌浅显易懂的航天百科全书，玩家可以领导团队完成零件组装与各项科研实验，与小伙伴们一起参加航天大学课程，了解航天基地运作机制与火箭铸造过程，体验航天员在空间站的工作与生活，感悟航天科技的创新发展。

2. 逻辑类科普游戏《泥孩谜题》《巴什博弈》《逻辑门》

2024 年 5 月 19 日，中国科学院大学举办中国科学院第二十届公众科学日国科大专场活动，活动主办方精心设计了开启智慧之门的逻辑小课堂展与公众互动。在逻辑小课堂上展示了三款科普游戏，分别是《泥孩谜题》《巴什博弈》《逻辑门》。

《泥孩谜题》源自一个经典的逻辑谜题，游戏设定：三个孩子（或参与者）站成一列，互相能看到彼此的脸部情况，但无法看到自己的脸；每个孩子的脸上可能有泥巴，也可能没有；孩子的父亲（或游戏主持人）会给出关于孩子脸上泥巴情况的提示，并引导孩子们（或参与者）进行逻辑推理。该谜题通过三个孩子（A、B、C）（或参与者）和他们的父亲（或游戏主持人）之间的互动，展示逻辑推理的过程。《泥孩谜题》是一种寓教于乐、富有挑战性的逻辑游戏，通过模拟经典谜题情境和互动推理过程，提升参与者的逻辑思维能力和问题解决能力。

《巴什博弈》是一款经典的逻辑类科普游戏，在游戏中，每轮邀请两位参与者，直接参与巴什博弈的对决，其中一共有 n 颗石子，每次每个人可以取走 1 到 m 颗石子，先取完石子的玩家则在这场"博弈"中获胜。《巴什博弈》不仅可以让参与者体验到逻辑推理的趣味，通过探究取走不同数量的石子与游戏胜负之间的关系，培养参与者的逻辑推理与策略规划能力，加深他们对胜负策略的理解。

《逻辑门》是结合经典逻辑联结词设计的闯关游戏。设计"与门""非门""或门"道具。该游戏邀请两位以上玩家参与，玩家可以随机分配或自主选择"真（1）"或"假（0）"身份，在身份选择完毕后开始闯关，游戏利用"与门""非门""或门"等逻辑道具，使玩家对逻辑知识有更直观的体验，通过参与者对逻辑门选择的条件判断，从而加深其对"与""或""非"逻辑算子及其组合的理解，提高逻辑思维能力。

3. 探索类科普游戏《消失的科博士》

上海科技馆推出的增强现实实景探秘游戏《消失的科博士》，以科技馆历险为主线，挑战由多个知识点串联起来的精彩谜题。这类游戏能够激发玩家的好奇心和探索欲，使他们在解谜过程中学习到科学知识。

该游戏是一款探索类科普游戏，内容主要包括以下几个方面。一是展区覆盖，游戏覆盖了上海科技馆 4 个最受欢迎的展区——探索之光、智慧之光、机器人世界和生物万象，玩家需要在这些展区中寻找线索和解开谜题。二是角色与道具，游戏中设有 8 种人物角色和 11 款解谜道具，玩家可以根据自己的喜好选择角色，并使用道具来辅助解谜。这些角色和道具的设计增加了游戏的多样性与可玩性。三是谜题设计，游戏包含 28 个精彩谜题和 100 多个科普知识点，谜题设计巧妙且富有挑战性，需要玩家运用逻辑思维和科学知识来解谜，同时这些谜题融入了丰富的科普内容，使玩家在解谜过程中学习到新知识。

4. 实验类科普游戏《宝宝巴士科学》

《宝宝巴士科学》是一款专为儿童设计的寓教于乐型的实验科普游戏，它巧妙地将科学实验与趣味游戏融为一体，为孩子们打造了一个充满探索乐趣的知识宝库。这款游戏通过生动有趣的动画场景、多样化的互动玩法及贴近生活的科学知识，引导孩子们在轻松愉快的氛围中学习自然科学、人文社会科学等多个领域的基础知识。在游戏中，孩子们可以化身为小小科学家，参与各种有趣的实验活动，如观察月相变化、探索恐龙世界、做简单的物理力学实验等，通过动手操作和亲身体验，直观地理解科学原理，培养观察力和思考能力。这款游戏融入角色扮演、益智拼图、知识问答等多种游戏元素，让学习过程变得更加生动有趣，有效激发了孩子们的学习兴趣和好奇心。此外，这款游戏还注重培养孩子们的逻辑思维能力和分类思维，通过配对分类、几何认知等互动环节，帮助孩子们在玩乐中锻炼大脑，提升认知能力。

《宝宝巴士科学》是一款集科学性、趣味性、教育性于一体的实验类科普游戏，它不仅为孩子们提供了一个学习科学知识的平台，更激发了他们对世界的好奇心和探索欲，为他们的成长之路增添了一抹亮丽的色彩。

5. 交互式科普游戏《麋鹿大闯关》

《麋鹿大闯关》是北京麋鹿生态实验中心于2023年全新打造的一款集趣味性与科学性于一体的大型科普游戏，它将麋鹿历史、麋鹿生态、麋鹿生境等内容，以密室闯关形式呈现在大家眼前，让枯燥的知识变得活泼，让乏味的理论概念变得生动，结合互动，引发思考，让公众对人与自然生命共同体有更加深刻的认识。

《麋鹿大闯关》科普游戏尝试将公众喜欢的游乐形式与麋鹿相关科学知识相结合，并取得了巨大成功，2023年参加北京科技周北京市科学技术研究院主场活动获得"北京科技周最受欢迎户外设施"称号，同年参加全国科普日主场活动获得"2023年全国科普日主场暨第十三届北京科学嘉年华优秀活动"称号。

（四）基于SNS平台的科普资源典型案例

1. 果壳网微信公众号

以微信为代表的社交媒体的崛起，为人们参与科学传播提供了便利，越来越多的科学传播主体开通微信公众号，扩大自身影响力。在国内有较高影响力的果壳网也不例外。果壳网专注于向公众提供科学、技术、工程、医学及其他学科领域的知识和信息，通过网站和APP的形式，以通俗易懂的方式呈现科学知识，以丰富多样的内容和互动性强的社区吸引大量科学爱好者，作为科学教育的重要资源，果壳网在普及科学知识和提高公众科学素质方面发挥着重要作用。

在传播主体上，果壳网微信公众号不仅有专业的原创编创团队，包括80多位科学顾问、1500多名科普作者和20多名专业编辑，还有为数众多的"果壳达人"，他们是在某个学科、领域具有专长的科普杂志的作者或编辑、科技新闻记者、硕博士研究生等。此外，数以千万计的用户通过评论、提问等方式生产了大量科学信息，并通过分享和转发实现科学信息的"病毒"式传播（张兰和陈信凌，2019）。传播主体的多元性、异质性，消解了权威单位的"高冷"式科普，使得科普事业更加"平易近人"。

在科普内容上，果壳网微信公众号的选题包罗万象，上至天文，下至地理，还涉及食品、健康、医学等与人们日常生活息息相关的领域。果壳网在强调传播内容科学性的同时，还非常注重内容的生活化。如《体检查出肿瘤标志物升高，我这是得癌了?读懂体检单很重要!》等生活题材的文章，非常"接地气"，推出不到两个小时阅读量就达 10 万+，取得了很好的传播效果。

在表现形式上，果壳网微信公众号适应微信阅读碎片化、多元化的特点。一是标题"吸睛"，如《黑色"天鹅绒"长在脖子上，怎么洗都洗不掉，罪魁祸首原来是……》；二是突出强调，由于科普文章普遍较长，为适应不同受众的阅读特点，编辑会根据不同语境采用不同的字体、字号、颜色对文中的关键信息进行强调。果壳网充分研究微信平台用户的阅读习惯，并成功实现了在该平台的科学知识的传播。

2. 科普中原百家谈

"科普中原百家谈"是一个在社交媒体平台上极具影响力的科普传播案例，是由河南省科学技术协会主办、大河网承办的新媒体科普专栏，旨在通过社交媒体这一广泛覆盖、高度互动的平台，将深奥的科学知识转化为贴近民生、易于理解的科普内容。自 2021 年 4 月创办以来，该栏目定期邀请来自中原地区的顶尖学者、大学教授、医疗专家、教育专家及法学权威等行业精英，围绕公众关注的科技前沿、健康生活、食品安全、防灾减灾等热点话题，开展深入浅出的访谈交流，截至 2024 年 7 月已成功举办 42 期。

在社交媒体平台上，"科普中原百家谈"充分利用微信、抖音、快手等主流平台的传播优势，通过发布访谈预告海报吸引公众关注，利用直播技术实现专家与网友的实时互动，再通过精心剪辑的短视频回顾和图文推送，进一步扩大科普内容的传播范围。这种多形式、多渠道、全方位的传播策略，不仅让科普知识更加生动有趣，而且极大地提高了公众的参与度和接受度。

在内容制作上，"科普中原百家谈"坚持权威性、专业性与通俗性并重，既确保了科普信息的科学性和准确性，又注重将复杂的科学概念转化为普通民众易于理解的语言。"科普中原百家谈"积极回应社会关切，针对突发事件和公众关注的焦点问题，迅速组织专家进行解读和科普，有效缓解公众的恐慌情绪，传播正确的科学观念和应对方法，提供及时、准确、专业的科普服务，赢得了广大网友的高度认可和好评。

"科普中原百家谈"已成为河南省乃至全国范围内具有广泛影响力的科普品牌。它不仅为公众提供了一个便捷、高效的科普学习平台，而且为推动科学文化的普及和全民科学素质的提升作出了积极贡献。

（五）新兴技术形态的科普资源典型案例

1. NOBOOK 虚拟实验室

NOBOOK 虚拟实验室是由北京乐步教育科技有限公司开发的一款面向 K-12 学段的实验教学软件，该软件采用 HTML5 技术，支持多终端跨平台访问，致力于为师生创造一个简单易操作的实验环境。NOBOOK 虚拟实验室的研发依托于多媒体、虚拟现实和虚拟仿真技术等，该实验室软件可以在计算机上模拟真实传统实验，使用者可以根据自己的实验需求选择器材进行组装，实验器材的组装和使用方法与现实中完全相同，并且所有的实验数据和实验现象完全模拟真实场景，具有高度的准确性和真实性。NOBOOK 虚拟实验室根据学科将实验室分为四个：NB 物理实验、NB 生物实验、NB 化学实验和 NB 科学实验。NOBOOK 虚拟实验室的优势在于仿真性强，实验现象可重复观察，可以创建一个理想化虚拟环境。

2. 数字科普大使"镜月"

数字科普大使"镜月"（Moon in Mirror）是 2022 年 11 月中国航天博物馆精心打造的首位虚拟数字人形象，她凭借独特的魅力及与前沿科技的融合，成为连接航天知识与广大公众，尤其是年轻群体的桥梁。"镜月"是以航天为背景的数字科普大使，其人物设计以航天人为中心，以航天故事为背景，通过短视频、主题短剧、直播、IP 联动等多媒体传播形态，推进高水准的内容创作和全链路 IP 运营孵化。另外，"航天镜月"抖音号还展示了中国航天博物馆首个虚拟职员"仔仔"。应该说，无论是虚拟偶像"镜月"还是虚拟职员"仔仔"，都是中国航天拥抱数字化新生态，推动科普、娱乐、社交领域综合互动，将航天精神与数字青年连接的积极试验和重要窗口。"镜月"以其超凡的虚拟形象生动地传递着航天科普知识，以轻松幽默、深入浅出的语言风格，将复杂的航天科学原理转化为易于理解的内容，让航天知识更加贴近生活，激发公众特别是年轻一代对浩瀚宇宙的好奇心与探索欲。作为数字科普的先锋，"镜月"还积极与其他虚拟数字人及品牌进行跨界合作，通过联合发布、主题海报等形式，共同推广航天文化，拓宽了航天科普的传播渠道与影响力。

二、国外科普数字资源案例

（一）科普网站案例

1. NASA 科普网站

NASA 科普网站（http://www.nasa.gov）是一个集科学教育、科学研究和太空探索信息于一体的综合性平台。该网站不仅展示了 NASA 在航空航天领域的最新成果和发现，还通过丰富的多媒体资源，如图片、视频、互动演示等，向公众普及太空知识，激发公众对科学的兴趣和好奇心。NASA 科普网站的内容涵盖人类太空探索、地球与气候、太阳系及宇宙科学等多个领域，旨在通过深入浅出的方式，帮助公众了解太空的奥秘，感受科学探索的魅力。此外，该网站还设有专门的青少年板块，通过趣味性的科普活动和互动游戏，培养年轻一代对科学的热爱和追求。NASA 科普网站以其权威性和丰富性，成为全球公众了解太空科学和 NASA 工作的重要窗口。

在传播主体上，NASA 科普网站作为美国联邦政府航天机构的官方平台，具有无可比拟的权威性。它汇聚了全球众多科研机构、高校及高科技企业的智慧与成果，形成了一个多元化的科普传播网络，强大的传播主体阵容，确保了网站内容的科学性和准确性。

在表现形式上，NASA 科普网站充分利用现代多媒体技术的优势，将复杂的科学概念通过图片、视频、音频等多种形式直观、生动地展现出来。无论是精美的航天图片、震撼的太空视频还是引人入胜的科普动画，都极大地提高了公众的阅读兴趣和理解能力。此外，网站还创新性地引入虚拟现实技术，如"系外行星太空旅游局"等交互式项目，为公众提供身临其境的太空探索体验，进一步拉近了公众与太空科学的距离。

在内容特色上，NASA 科普网站的内容主题主要包含三大类：航空航天、气候与环境、其他。"航空航天"主题包含的内容有航空、空间站、火星之旅、太阳系之旅，"气候与环境"主题包含的内容有地球，"其他"主题包含的内容主要有历史、教育。NASA 科普网站不仅及时发布 NASA 的最新科学发现和技术进展，还深入挖掘太空科学的奥秘，为公众提供丰富的科普知识。同时，网站还根据不同年龄段的公众需求，设计了差异化的科普内容。例如，NASA Kids 网站就为青少年量身打造了生动有趣的科普活动和互动游戏，旨在培养他们的科学兴趣和探索精神。

在互动体验上，NASA 科普网站注重与公众的互动与交流。它不仅提供了丰富的在线课程和互动游戏，让公众在参与中学习和掌握科学知识，还通过社交媒体平台与公众进行实时互动，回答公众的问题，分享科普知识和太空探索的最新进展。

2. 每日科学网站

每日科学（ScienceDaily）是美国著名的科学新闻网站（http://www.sciencedaily.com），建于 1995 年，提供来自美国国内外最新的科学研究和发现相关报道，覆盖从天文学到动物学，从神经科学到环境科学等多个科学领域的新闻，内容来源于科学期刊、高校研究报告、科学会议和其他可靠的科学新闻。作为一个综合性的科学新闻平台，每日科学提供了一个连接科学界和大众的桥梁，无论是想要深入了解特定科学话题的研究人员，还是仅仅对科学新闻感兴趣的普通读者，都能在该网站找到有价值的信息。

在传播主体上，每日科学汇聚了全球众多高校、研究机构及科学家的最新科研成果与发现，确保了内容的权威性和前沿性。作为一个专业的科普平台，每日科学致力于将复杂的科学研究转化为易于理解的语言，向广大公众传播科学知识。

在表现形式上，每日科学充分利用现代多媒体技术的优势，将科普内容以图文并茂、视频解说等多种形式呈现出来。这种多样化的表现形式不仅提高了科普的趣味性，还增强了公众对科学知识的理解和记忆。此外，该网站还注重用户体验，界面设计简洁明了，导航便捷，方便用户快速找到感兴趣的内容。

在内容特色上，每日科学覆盖广泛，包含天文学、计算机科学、纳米技术、医学、心理学、社会学、人类学、生物、地质、气候、空间、物理、数学、化学、考古学、古生物学等多个学科领域，提供按学科分类的检索功能，方便用户根据自己的兴趣和需求查找相关信息；更新及时，用户能够及时了解科学领域的最新动态；深入浅出，致力于将复杂的科学研究转化为易于理解的语言，帮助公众轻松掌握科学知识。

在互动体验上，用户可以通过评论区发表自己的看法和疑问，与其他用户及科学爱好者进行交流和讨论。此外，网站还提供了链接到原始研究论文和相关资源的选项，鼓励用户深入探索和学习。

（二）科普 APP 案例

1. WWF Together 科普 APP

WWF Together 科普 APP 是由世界自然基金会（World Wildlife Fund，WWF）创办的一款公益科普应用程序。WWF 作为全球领先的独立性非政府环境保护机构之一，致力于保护全球生物多样性及其所依赖的生态系统。结合增强现实、3D 动画、交互式地图等多种技术，WWF Together 科普 APP 为用户提供了一种全新的、沉浸式的科普体验，通过数字化手段向公众传播环保知识和强调野生动物保护的重要性。

WWF Together 科普 APP 的内容主要聚焦于濒危动物的保护，详细介绍了十多种濒危动物，如大熊猫、老虎、帝王斑蝶、海龟和北极熊等。该 APP 的主要特色表现为以下几个方面。一是 3D 互动地图。用户可以查看自己与全世界不同濒危动物之间的距离，增强地理和生态意识。二是折纸造型互动。每种动物都有独特的折纸造型，用户可以与这些折纸动物合影或将其放入自己的照片中，增加趣味性和互动性。三是深度互动故事。该应用程序包含多个深度互动故事，让用户能够像亲历者一样体验动物的生活和参与保护工作。四是最新保育与野生动物新闻。让用户随时了解环保领域的最新进展。五是高画质影像图库。来自知名环境摄影师的高清影像图库，为用户带来视觉上的享受和震撼。

WWF Together 科普 APP 自推出以来，受到了广泛的关注和好评，不仅为公众提供了一个了解濒危动物和保护生态环境的窗口，还激发了更多人参与环保行动的热情。通过这款应用，用户能够深刻认识到野生动物保护的重要性，并在日常生活中采取实际行动支持环保事业，为推动全球环保事业的发展作出积极贡献。

2. Star Walk Kids 科普 APP

Star Walk Kids 科普 APP 是一款专为儿童设计的科普应用程序，由维托科技应用开发平台创办，该平台在移动端科技应用开发领域享有盛誉，曾荣获苹果设计大奖。该应用作为 Star Walk 系列的子产品，特别针对低龄用户群体进行了优化，旨在以生动有趣的方式激发儿童对天文学的兴趣。

Star Walk Kids 科普 APP 的内容丰富且全面，涵盖了太阳系的基本知识、官方认可的星座、最明亮的恒星等，具体包括太阳、月亮和太阳系的八大行星（及冥王星）、49 个官方认可的星座、700 个最明亮的恒星等。此外，该应用还提供了关于国际空间站、哈勃太空望远镜及黑洞（如天鹅座 X-1）等天体的介绍。

Star Walk Kids 科普 APP 的功能设计极具创新性和实用性。它利用内置的陀螺仪技术，能够跟随用户的动作，在屏幕上实时显示用户所在位置能看到的星星，极大地提升了观星体验。该应用还提供了丰富的互动环节，如观看动画片了解月球的相位变化、太阳的重要性及黑洞的概念等。

Star Walk Kids 科普 APP 结合海量天文数据和高级技术，以互动和娱乐的方式为儿童提供梦幻般的观星体验。这款应用不仅是一款教育工具，更是一个寓教于乐的平台，让孩子们在探索宇宙的过程中收获知识与乐趣。

（三）科普游戏案例

1. 模拟类科普游戏《动物园大亨》

《动物园大亨》（Zoo Tycoon）是一款动物园模拟和管理视频游戏，最初由

Blue Fang Games 开发并由微软游戏工作室（Microsoft Game Studios）在 2001 年发布。这款游戏让玩家扮演动物园经理的角色，负责设计动物园的布局，进行动物照顾护理，开展财务和资源管理、游客满意度管理，建设和管理一个成功、高效且对动物友好的动物园。该款游戏为用户提供了一个有趣且富有教育意义的环境，玩家可以学习到动物护理、生态保护和运营管理方面的知识。该款游戏强调动物福利和生态可持续性，对于提升公众对动物保护和自然环境保护的意识具有积极作用。

2. 逻辑类科普游戏数独

数独（Sudoku）作为一种源自 18 世纪瑞士的数学游戏，后在日本得到发展并普及至全球，现已成为全球范围内广受欢迎的逻辑类科普游戏案例。数独是一种运用纸、笔进行演算的逻辑游戏，通过逻辑推理在 9×9 的盘面上填入 1～9 的数字，使得每行、每列以及每个 3×3 的宫内数字均不重复。独特的游戏规则和教育价值使得数独在培养逻辑思维能力、注意力集中能力、数学基础、空间想象力和问题解决能力等方面具有显著的优势。数独游戏的全球普及和丰富的变种形式也为其赢得了广泛的关注与喜爱。

3. 探索类科普游戏《动物之森》

《动物之森》（Animal Crossing）是一款模拟生活的游戏，玩家在游戏中扮演一个人类角色，与动物们一起生活在一个虚拟的村庄中。游戏中的动物种类繁多，每种动物都有自己的性格和喜好，玩家可以通过与它们的互动来了解不同动物的特性。此外，该款游戏中还有许多关于自然和生态的元素，如季节变化、植物种植等，可以帮助玩家了解生态环境的重要性。

4. 实验类科普游戏《避难行动游戏》

《避难行动游戏》（Evacuation Activity Game，EVAG）是 2018 年由日本国土防灾技术株式会社开发的一款情景模拟类防灾教育工具，旨在让公众在真实场景中体验和了解避难行动。参加游戏的人员要从游戏提供的各种角色中选择一个与自身身份不同的角色，并在灾害风险（如山体滑坡、洪水、泥石流等）不断升级的紧急避难情景中履行自己的角色任务。该款游戏除能提升人们对灾害风险的认知外，还能深化参与者对社区内其他人群情况的了解，提高其对互助救援和社区避难援助重要性的认识。

5. 交互式科普游戏 NASA NeMO-Net

NASA NeMO-Net 是一款具有创新性的单人游戏，玩家通过在 3D 和 2D 册瑚图像上"绘画"来对珊瑚礁进行分类。在游戏中，玩家可以评价其他玩家的分类工作，并在食物链中升级，同时探索和分类来自全球各地的珊瑚礁与其他浅海生态环境。这款游戏融合科学研究和互动游戏体验，不仅为玩家提供了参与科学研究的机会，而且通过游戏化的方式普及了海洋科学知识，提高了公众对环境保护的参与意识。

（四）基于 SNS 平台的科普资源典型案例

1. 新西兰梅西大学地质学专家的地震科普

2011 年 12 月 23 日，新西兰基督城遭遇地震，面对这一突如其来的灾难，梅西大学地质学专家迈克教授迅速响应，凭借多年积累的地质学专业知识开展科普活动，分析了地震的成因、影响范围及可能引发的次生灾害，录制了一段视频，详细讲解了地震后哪些区域可能发生滑坡、泥石流等次生灾害，以及居民应该如何进行自我保护，包括如何安全撤离、如何寻找避难所、如何储备应急物资等，将其上传到了自己的社交媒体账号上。很快，这段视频就在网络上引起了广泛关注。短短两小时内，美国有线电视新闻网（Cable News Network，CNN）就发现了这段视频，并主动与迈克教授进行了连线报道。通过 CNN 这一国际知名媒体平台，迈克教授的地震科普信息迅速传播到了全球各地，为更多的人提供了宝贵的防灾减灾知识。迈克教授的这一行动不仅赢得了公众的广泛赞誉和感激，也激发了更多科学家和专业人士参与科普工作的热情，成为全球科普界的一个典范。

2. 英国皇家学会 AskAnExpert 系列

英国皇家学会发起的 AskAnExpert 系列科普活动，旨在提升公众科学素质、促进科学普及。该系列巧妙地利用推特（Twitter）这一全球性的社交媒体平台，定期邀请来自物理学、生物学、天文学、医学等众多科学领域的顶尖专家，以在线实时问答的形式，为公众开启了一扇通往科学殿堂的大门。AskAnExpert 系列科普活动内容丰富多彩，既有对宇宙奥秘的深邃探索，也有对日常生活中科学现象的生动解析，满足了不同年龄层、不同兴趣爱好的公众对科学知识的渴求。其特色在于高度的互动性，公众能够直接向科学家提问，获得权威解答；同时，专家的专业性和权威性又确保了信息的准确性和权威性。此外，活动话题的多样性和广泛性，也使得 AskAnExpert 系列成为一个集科普、教育、交流于一体的综合性平台。英国皇家学会 AskAnExpert 系列科普活动不仅极大地激发了公众对科学的兴趣和热情，增强了公众对科学原理、科学方法和科学精神的理解与认同，还促进了科学知识的广泛传播，为构建科学文化、推动科学进步作出了积极贡献。

（五）新兴技术形态的科普资源典型案例

1. PhET 互动仿真程序

PhET（Physics Education Technology）互动仿真程序是美国科罗拉多大学的一个非营利性开放教育资源项目，由诺贝尔物理学奖获得者卡尔·韦曼（Carl Wieman）于 2002 年创立。PhET 是一套基于研究的交互式计算机仿真程序，内容涉及物理、生物、化学、地球科学、数学及尖端科学等领域，可供小学到大学各阶段使用。PhET 资源具有代码开源、开页即用，注重互动、趣味性强，迭代设计、内容精良的特点，在实验室中引入 PhET 互动仿真程序，可以直接代替部分真实实验，在保障实验效果的同时，减少实验耗材的浪费，以及避免学生接触较危险的实验。另外，还可以把 PhET 互动仿真程序作为真实实验的一个环节，补充对抽象概念的理解，将真实实验与虚拟实验相结合，让看不见的东西可视化（李大为，2022）。

2. 英国皇家植物园（邱园）数字化项目

英国皇家植物园（邱园）数字化项目即将其全部植物和真菌标本数字化，邱园的数字化项目已经扫描了第 100 万个样本，这个耗资数百万英镑的项目背后的团队正在解开地球上生命的丰富信息，包括在其他地方无法获得的罕见历史标本的数据。邱园的历史藏品被用来了解植物和真菌是如何随着环境条件与农业实践的变化而进化的，以确定可能在这一过程中失去的有用的遗传多样性。邱园植物和真菌标本的数字化不仅对科学界很重要，对公众也很重要，它允许任何有互联网连接的人访问这些标本的信息和图像，并更多地了解我们地球上令人难以置信的生命多样性。

3. 印度人工智能教师"爱丽丝"

印度人工智能教师"爱丽丝"是教育科技领域的一次创新突破，由 Maker Labs 教育科技公司精心打造。作为印度首位人工智能教师，"爱丽丝"不仅拥有高度拟人化的外观，更融合了先进的生成式人工智能技术，能够流畅地进行多语言交流，包括英语、印地语及马拉雅拉姆语等，跨越语言障碍，触及更广泛的学生群体。在教学过程中，"爱丽丝"展现了独特的魅力与高效性。她能够根据学生的反应和学习进度实时调整教学策略，通过互动式问答、个性化学习模块及生动有趣的多媒体内容，极大地提升学生的学习兴趣与参与度。"爱丽丝"还擅长利用人工智能技术模拟复杂情境，让学生在虚拟环境中探索知识，深化理解。"爱丽丝"的出现，不仅提升了教学质量与效率，还促进了人工智能技术在教育领域的普及与应用，为培养未来人工智能时代的创新人才奠定了坚实基础，为印度人工智能教育的发展注入了强劲动力。

第三节 科普数字资源的设计与开发

随着互联网技术、大数据、人工智能、云计算、物联网、区块链、5G 通信、增强现实、虚拟现实等新兴科学技术的发展，传统媒介的内容生产方式和生产关系都发生了巨大变化。在科普传播领域，数字基础设施的完善是数字科普资源开发与服务提供的前提和保障，新兴技术的集成应用是科普数字资源供应商的创新发展之路，跨媒介叙事成为媒体融合背景下数字内容生产的不二选择。本节将从内容生产、技术驱动及社会传播等方面对科普数字资源的设计原则与开发流程进行具体论述。

一、科普数字资源的设计原则

（一）内容生产层面

融媒体时代，对接新技术逻辑的内容生产的核心理念是跨媒介叙事。美国传播学家亨利·詹金斯（Henry Jenkins）在《融合文化：新媒体和旧媒体的冲突地带》中将"跨媒介叙事"定义为"一个跨媒体故事横跨多种媒体平台展现出来，每一种媒介都出色地各司其职、各尽其责，每个新文本都对整个故事作出了独特而有价值的贡献"，具有去中心化、多元化叙事、多平台合作等特点。当前，科普数字资源的挖掘与设计离不开对跨媒介叙事理念的运用。

1. 叙事主体的去中心化原则

随着 Web 3.0 的发展和赋能，科普数字资源的生产主体越来越呈现出一种去中心化的趋势。去中心化是在多样化的媒体平台间进行协同叙事的关键，是跨媒介叙事的必要条件（李蓓，2019）。互联网环境下，尽管专业生产内容（professional generated content，PGC）模式依然是科普传播领域的主要方式，但是，用户生成内容（user-generated content，UGC）、专业用户生产内容（professional user generated content，PUGC）等新模式也成为拓展科普领域广度和内容深度的有力补充，受众的互动和参与可以看作对科普数字资源的消费行为，同时也是对科普数字内容的二次创作。因此，要秉承去中心化的生产理念，鼓励公众参与，以实现科普数字资源生产的最优化。

2. 叙事主题的多元化原则

科普数字资源的叙事主题的多元化原则强调在设计科普内容时，在科普内容广度上，应该尽可能地涵盖多个学科、多种主题，如自然科学、公共卫生、应急、能源问题等与受众学习生活紧密相连的内容，也要加强科技前沿、食品安全、医疗健康、绿色环保等方面的科普精品短视频和系统化 IP 产出（滕伟和张焕焕，2021）。在主题深度上，不仅应提供基础的科学知识普及功能，还应从多个角度深入探讨某个领域的科学问题或科学现象。此外，多元化原则也体现在科普主题的创新性上，科普内容应该尽可能地引入新视角，打破传统科普的框架，如探讨科学与艺术、科学与世界的关系等。总之，该原则要求科普内容在主题选择上既广泛又深入，既时新又创新，以满足不同受众的需求，提高科普的吸引力和影响力。

3. 叙事内容的科学性原则

科普资源的首要任务是传达准确、可靠的科学信息。资源的开发者与设计者应确保科普资源内容依托科学研究和证据，经得起权威机构的审核。科普工作面向社会大众，科普数字媒体内容一旦片面、错误，不仅会影响科普主体的公信力，消解自身权威度，破坏公众对资源提供方和科研机构的信任，更严重的是，错误信息会误导公众，导致公众对科学事实产生错误的理解，甚至对大众健康和社会安全等构成威胁。

4. 呈现方式的多媒体原则

多媒体原则主要体现在信息的呈现方式上，科普内容可以通过文字、图片、音频、视频、动画、互动式应用等多种方式呈现，使科普信息更加生动、形象，有助于受众对科学知识的理解和记忆。结合资源发布平台的特性及目标用户的信息阅读偏好，选择能促进科普效果最大化的多模态内容呈现形式。同时，增加虚拟现实、增强现实、混合现实（mixed reality，MR）等形式的科普短视频、互动式科普动漫、科普游戏、科幻作品和影视作品等新型科普产品的供给（滕伟和张焕焕，2021）。

5. 内容表达的趣味性原则

增强科普数字媒体内容的趣味性是提升科普效果的重要手段。在科普实践中，既可以通过创新科普数字资源的内容形式和表达风格，以清新明快的方式为公众呈现严肃深奥的科学知识和科技进展，也可以通过科普游戏、模拟实验（虚拟仿真实验）、人工智能在线科普等互动方式，引导公众在角色扮演、身份置换、情景体验、智能互动等主动参与的过程中思考并深刻获取科学知识，为受众提供独特的难以忘却的科普互动体验，进而增强科普工作的吸引力和影响力。

6. 传播渠道的多平台原则

互联网科技为推进媒体深层次融合发展、建立全媒体传播体系提供了极强的驱动力。大数据、云计算、人工智能、全息传播等新兴技术给科普数字媒体内容的采集、智能生成、全域传播带来了光明的前景。为满足不同受众在不同场景和设备上的信息获取需求，全面打通科普网站、社交媒体、应用程序等多种平台的科普数字媒体内容是创新科普路径之首选。当前，以"科普中国"为代表的科普主体已全面开通桌面端、移动端、微博、微信公众号等多平台传播方式。

（二）技术驱动层面

1. 重视新兴技术的集成应用，实现跨界融合

跨界与融合的思维是创作科普内容、赋能知识生产、创新科普传播的重要理念。一方面，要积极探索将大数据、人工智能等新兴数字技术应用于科普数字媒体内容的采集、生产、分发、接收与反馈中，逐步实现科普信息汇聚、数据分析、应用服务、决策服务等功能；另一方面，在全媒体环境下，科普工作应根据不同媒介平台属性和受众偏好，对科普内容进行适配性生产与传播，力图在平台特征异质化、传播策略差异化的媒介环境下，实现多屏共振、全媒体融合的科普传播效果。

2. 利用高新技术，实现科普信息甄别与纠偏

海量科普信息和碎片化阅读一定程度上反映出知识爆炸时代的典型供需关系，受众在海量信息的"围堵"下难免会降低对信息真伪的鉴别力。因此，利用人工智能、大数据、元计算等数字技术，建立有效的科学信息真伪甄别机制，辅助人类做好科普内容的科学性审查把关，同时引导科普内容提供方加强质量把控，能够从源头上挤压伪科学空间，进而帮助受众树立权威科学观。

3. 优化资源多重感官交互，打造沉浸式体验

在增强现实、虚拟现实、混合现实、扩展现实（extended reality，XR）新型

基础设施不断完善以及元宇宙技术场景不断丰富的背景下，虚拟数字人、数字藏品等新型虚拟场景的逐步落地，推动科普数字媒体内容突破介质、载体及时空界限，无限拓展科普新业态和新场景，包括科学知识与科学场景虚实融合，实现跨载体呈现、跨时空交互，获得沉浸式体验。通过在触摸屏、手势识别、虚拟实境等技术层面的交互设计，科普数字媒体内容可以让用户更深入地参与学习过程，增强体验感，使科学知识更易理解、更加难忘。

（三）社会传播层面

1. 精准定位受众

相较于其他媒体，科普媒体似乎并不存在特定的受众群体，而是面向全体公众生产和呈现内容。但社交媒体、自媒体时代的用户已呈现显著的分化态势，基于地域、职业、趣缘等因素形成相互区隔的社群，并集聚于抖音、快手、B 站等不同的新媒体平台，这就要求科普媒体在生产和呈现内容时不应忽略特定平台用户的使用习惯（李勇和陈海涛，2022）。例如，科普品牌"美丽科学"的受众定位是以 K-12 学段为主，并辐射社会大众，致力于实现前沿科技成果可视化传播、科技文化遗产可视化传承，让公众更易理解前沿科技成就、继承优秀的科技文化传统与精神。

2. 提升用户黏性

科普数字内容的产品化良性发展，是明确科普内容产品的价值所在，即用户的科普资源信息需求。在此基础上，所有的科普数字资源内容、功能、服务都应该围绕用户需求来设计。只有在用户的核心需求得到满足之后，才会有后续的功能延伸，用户在使用平台过程中，增加用户黏性就是提升服务质量，用户不仅追求产品的优质服务，同样追求平台的差异化、个性化服务，数字媒体平台需要充分了解用户，拓展延伸潜在服务（曹勇，2020）。在内容为王的时代，科普数字资源供应商只有从内容生产质量上下功夫，在产品推广和互动机制上做文章，做到内容吸睛，才能留住流量。

3. 优化反馈机制

与传统信息生产被垄断和信息接收机制单向性不同的是，科普数字资源既是为消费者（受众）生产，也由消费者（受众）参与生产。在全息媒体、全员科普的全媒体环境下，受众在科普数字资源的提供和优化等方面发挥了不可替代的作用。因此，在重视双向互动体验的同时，应建立健全反馈机制，畅通信息反馈渠道，不断优化科普数字资源服务，只有这样才能在科普之路上越走越远。

二、科普数字资源的开发流程

科普数字资源的开发是一项综合性工程，需要具有设计、技术和教育等多方面的专业知识。以下将探讨科普数字资源的开发流程，包括受众需求分析、内容策划与设计、技术实现、测试、发布与推广、用户反馈与持续改进等多个环节。

（一）受众需求分析

科普数字资源的开发始于对受众需求的深入了解和明确定义。在这一阶段，开发团队需要与目标用户群体充分沟通，了解他们的兴趣、水平、学科偏好等，以确定应用程序的功能和内容。同时，调研市场上已有的科普应用程序，分析它们的优缺点，为新应用程序的开发提供参考。

（二）内容策划与设计

在对受众需求进行分析的基础上，进入科普数字媒体内容的策划与设计阶段。其中，策划主要涉及科普内容主题、呈现形式、传播方式等方面，设计则包括信息架构设计、界面设计、交互设计等多个方面。信息架构设计要求合理组织应用程序的内容，使用户能够轻松找到所需信息；界面设计要求追求美观简洁，提高用户体验感；交互设计要求考虑用户与应用程序的互动方式，通过图形界面、手势操作等提高用户参与感。

（三）技术实现

技术实现是科普数字资源开发的核心阶段。开发团队根据设计阶段的蓝图，选择合适的开发工具和技术框架，进行编码、数据库设计等。应用程序的科学性、通俗性、多样性等设计原则在这一阶段需要得到贯彻实施。

（四）测试

技术实现完成后，进行全面的测试是确保科普数字资源内容质量的关键。测试包括功能测试、性能测试、用户体验测试等。通过模拟用户使用场景和检测潜在问题，开发团队能够及时发现并解决潜在的漏洞和性能瓶颈。

（五）发布与推广

应用程序通过测试后，就进入发布与推广阶段。发布涉及将应用程序上线到各大应用商店，并确保能够在各类设备上顺利运行。推广包括制定营销策略，进行线上线下推广，吸引用户下载和使用应用程序。

（六）用户反馈与持续改进

发布与推广后，用户反馈成为衡量科普数字资源质量高低的重要参考。通过用户反馈，开发团队可以了解用户的真实需求和问题，并进行相应的优化和改进。持续改进是科普数字资源可持续发展的关键，通过不断更新科学知识内容、修复系统漏洞，使科普数字内容为受众提供稳定的科普服务。

三、创新案例：火花学院

（一）项目简介

"火花学院"项目依托中国科学技术大学新媒体研究院的技术积累，是由安徽习悦教育科技有限公司历时近 10 年打造的全球规模最大的科学可视化教学资源库。覆盖 K-12 学段的科学、数学、物理、生物、化学、地理六大学科，全面匹配新理念、新课标、新教材，旨在将深奥难懂的科学知识转化为好懂、好教、好看的交互式富媒体可视化资源，为一线中小学师生提供全新的课堂教学体验。

在国家创新教学资源建设的政策支持下，"火花学院"项目已经成为各地教育主管部门和学校建设创新教学资源的优选。目前，该项目已覆盖全国 5 万余所学校，惠及师生过千万，在南京、广州、庄浪、清徐等多地形成市、区、县级全面覆盖。已与华为、海康、大华等国内主流科技公司建立战略合作关系，围绕数字教育构建了产业级整体解决方案。此外，"火花学院"积极开展国际合作，开发并翻译的教学数字化资源已面向阿拉伯语地区和西班牙语地区推广应用，致力于与世界各国共同构建开放共享的全球数字教育生态。

（二）资源设计思路

"火花学院"的资源主要包括可视化素材库、可视化课件库和资源创新服务。

1. 可视化素材库

可视化素材库始终以知识点为单位，将教学重点、难点通过科学可视化技术表达，如互动微件、3D、视频等，解决课堂上"教师讲解难、学生理解难"的问题，为教师提供备课过程中难以制作的科学可视化知识讲解工具。除了传统的平面、线性、静态形式，"火花学院"还提供动态、立体、交互形式的资源，根据教师实际教学的需求选择最合适的知识展现方式，打造一种全新的"火花"教学模式。目前素材库已完成基础教育阶段重点、难点知识98%的覆盖。

2. 可视化课件库

课件库嵌入科学可视化教学方法的课件资源。在不对现有教学模式和教学习惯进行大幅度更改的前提下，在教学设计的恰当时机嵌入可视化的教学环节，不仅包括在课件中嵌入可视化素材，还包括利用知识可视化、数据可视化、思维可视化对课件内容进行升级，将原本抽象的教学内容可视化、动态化，有效降低学生的认知负荷，提升学生的课堂参与度，促进学生对知识的理解、内化与记忆。

另外，为了确保教师和学生群体更好地使用可视化资源，"火花学院"还研发了相应的智能备授课工具软件，保障资源使用效率。工具包括"火花"客户端工具、"火花"PPT插件与"火花"创作工具。"火花"客户端工具为用户提供基于网盘的多端备授课软件，包括桌面端与移动端，实现多端可视化备授课；"火花"PPT插件，在不改变教师的传统备授课习惯的前提下，在教师备课过程中智能推荐适用的可视化资源，实现资源找人；"火花"创作工具可以由教师自主创作可视化资源，丰富的学科专用创作工具，让备课更智能、更高效。

3. 资源创新服务

"火花学院"创新服务包括个性化资源创新服务、个性化应用创新服务、深度教科研服务，"火花"数字资源服务体系保障特色资源平台落地。

（1）个性化资源创新服务。"火花学院"提供的是资源的"渔"，可为区域个性化创新建设提供以下三方面的服务。一是打造区域特色的UGC资源库，教师利用"火花学院"提供的产品化服务，进行资源二次创造，构建教师个性化的数字资源体系，进而生成区域UGC资源库。通过区域运营方案鼓励教师自主创作并分享，实现区域内资源共享，助力教育公平。二是联合打造示范创新课例，"火花学院"为教师提供专业化的创新型课程设计，并取得丰硕成果。三是构建区域个性化创新资源体系，"火花学院"与区域教科研团队及优秀教师联合打造系统化的创新资源，构建PGC资源体系。

（2）个性化应用创新服务。"火花学院"帮助教育局建设地区资源平台，为地区教育局提供多种产品组合，实现区域整体实施，同时构建区域数据应用分析平台，惠及区域内所有学校。"火花学院"的开放平台系统，能够接入第三方资源，以及支持"火花"优质资源接入第三方工具。通过开放的平台，与各类信息化平台场景化对接，实现信息技术与学科深度融合，实现应用创新。

（3）深度教科研服务。"火花学院"作为中国科学技术大学新媒体研究院的科研项目，致力于科学可视化教学的深度研究，在可视化认知理论创新的基础上，在伯克利大学和中国科学技术大学研究成果之上提出了嵌入可视化教学（visualization-embedded teaching，VET）的方法。无论是在可视化设计、教学设计、软件系统设计还是教学效果评估等方面，都强调以科研的严谨态度对待产品，注重产品开发细节和应用效果。在此基础上，"火花学院"与各地教学研究部门联合开展教科研合作项目，包括课程创新、教学创新、评测创新等方面，合作发表论文、撰写专著、申报课题与奖项。"火花学院"支持区域和校本课程发展，提供创新课程资源定制和教学资料数字化出版服务，为区域教师提供基于可视化教学能力提升服务。

"火花学院"为学校与区域提供高端特色内容及创新服务，打造经典高端有生命力的资源体系，是构建数字教育新基建中打造高端特色资源不可或缺的要素。

（三）开发原则与开发流程

可视化资源的开发涉及设计、开发和部署等一系列周密的开发步骤和原则。

1. 可视化资源的开发原则

（1）以用户为中心。开发可视化资源时，应始终以最终用户的需求为中心。了解用户的需求、偏好和使用情况，对于设计出符合用户期望的可视化资源至关重要。

（2）简洁明了。可视化资源应该简洁明了，避免过度设计和复杂的图表或视觉效果。简单清晰的可视化可以更好地传达信息，提高用户的理解和使用效率。

（3）一致性。在设计可视化资源时，保持一致性是很重要的。一致的颜色、字体、图标等元素有助于用户进行视觉识别和理解。

（4）可交互性。可视化资源应该具有一定的交互性，使用户能够根据需要探索数据，进行数据过滤、排序、缩放等操作，从而更深入地了解数据。

（5）可访问性。考虑到不同用户的需求，可视化资源应该具有良好的可访问性，包括对残障人士友好、支持多种设备和浏览器等。

（6）实时性。如果可视化资源需要显示实时数据，需确保数据的及时更新和反映，以确保可视化资源的准确性和实用性。

（7）响应式设计。可视化资源应该具有响应式设计，能够适应不同屏幕尺寸和设备类型，以提供一致的用户体验。

2. 可视化资源的开发流程

（1）需求分析。首先明确用户的需求和期望，确定可视化资源的功能和特性，以及数据源和数据处理需求。

（2）设计阶段。根据需求分析的结果，进行可视化资源的设计，包括选择合适的图表类型、颜色、布局等方面的设计。

（3）数据准备。准备数据并进行清洗、整理和转换，以符合可视化资源的需求。

（4）开发实现。基于设计和数据准备的结果，进行可视化资源的开发实现，包括编写前端代码、后端逻辑和数据库查询等方面的工作。

（5）测试与优化。对开发实现的可视化资源进行测试，包括功能测试、性能测试和用户体验测试等，并根据测试结果进行优化和调整。

（6）部署与发布。将优化后的可视化资源部署到生产环境中，并发布给用户使用。要确保部署过程顺利，可视化资源能够正常运行。

（7）监控与维护。部署后，定期监控可视化资源的运行情况，及时发现和解决问题，根据用户的反馈和需求进行持续维护和更新。

理解·反思·探究

1. 如何利用新媒体技术（如人工智能、虚拟现实、增强现实、混合现实等）为科学教育带来更多可能性？

2. 假设你是一位科普工作者，负责设计一款面向特定受众群的数字化科普产品，请描述你的产品设计思路，并阐述如何通过该产品实现科学教育的目标。

本章参考文献

曹勇. 2020. 数字媒体内容生产产品化策略探析. 中国集体经济，（2）：152-153.

科技部. 2024. 科技部发布2022年度全国科普统计数据. https://www.most.gov.cn/kjbgz/202401/
　　t20240111_189336.html［2025-02-13］.

李蓓. 2019. 基于跨媒介叙事的博物馆数字内容生产与传播//北京数字科普协会, 北京博物馆学会, 中国博物馆协会博物馆数字化专业委员会, 等. 2019 北京数字博物馆研讨会论文集. 北京: 北京艺术博物馆信息部: 129-133.

李大为. 2022. PhET 数字化科普资源案例研究. 科技视界, (3): 30-32.

李勇, 陈海涛. 2022. 科普自媒体的内容呈现与传播效果研究——基于 B 站号 "毕导 THU" 与 "科普中国" 的比较分析. 新闻研究导刊, 13 (18): 106-108.

滕伟, 张焕焕. 2021. 数字化转型赋能科普高质量发展. 中国电信业, (10): 42-45.

王向云. 2016. 科普现存的问题及对策. 学理论, (3): 27-28.

杨玉洁, 李丹. 2021. 科普向未来从首位 AI 数字航天员谈原创混合现实 (IMR) 4K 制作. 影视制作, 27 (7): 12-24.

张兰, 陈信凌. 2019. 社交媒体科学传播成功之道——以果壳网微信公众号为例. 青年记者, (18): 68-69.

中国互联网络信息中心. 2024. 第 54 次中国互联网络发展状况统计报告. https://www.cnnic.cn/NMediaFile/2024/0911/MAIN1726017626560DHICKVFSM6.pdf.

周荣庭. 2020. 运营科普新媒体. 北京: 中国科学技术出版社.

Green L H. 2020. Challenges in keeping science education up-to-date in the digital era. Education and Information Technologies, 25 (5): 3563-3576.

第六章

大科学装置的科普资源

要点提示

1. 大科学装置不仅为探索未知世界、揭示自然规律提供了独特工具，还在科普和教育领域发挥着重要作用。

2. 通过具体案例分析，展示大科学装置如何通过科普活动和课程，成为激发公众科学兴趣和普及科学知识、提升公众科学素质、培养创新能力的重要资源。

3. 围绕大科学装置开发科普图书、视频、展览展示等，有利于发挥大科学装置的社会价值和影响力。

学习目标

1. 通过具体案例，了解大科学装置如何在科普活动和课程开发中激发公众的科学兴趣，提升公众的科学素质。

2. 了解和掌握以大科学装置为载体开发科普资源（如科普图书、视频、展览展示等）的基本方法和实践经验。

3. 了解如何运用大科学装置培养学生自主学习和探索科学问题的能力。

在当代科技迅猛发展的背景下，大科学装置已成为国家重大科技基础设施的重要组成部分，不仅承担着推动科学研究的重要职责，而且在科普和教育领域发挥着日益重要的作用。

这些规模巨大的科学装置，如大型粒子加速器、大型天文望远镜、载人深潜器等，凭借学科交叉、技术先进等优势，为探索未知世界、揭示自然界的客观规律提供了独特而强大的工具。

在全球范围内，从欧洲的大型强子对撞机（Large Hadron Collider，LHC）、美国的国家点火装置（National Ignition Facility，NIF）到中国的 500 米口径球面射电望远镜（Five-hundred-meter Aperture Spherical radio Telescope，FAST），大科学装置的建设和发展展示了各国在基础科学研究领域的雄心与实力。

中国在大科学装置领域的发展尤为引人注目。随着国家对科技创新的高度重视，中国已成功建设和运营了一系列大科学装置，并计划建设更多具有国际先进水平、支撑科学研究的基础设施。这些大科学装置不仅是国家科技进步的标志，也是中国参与全球科学研究、促进国际合作的重要平台。

本章的主要目的是探讨和阐述大科学装置在科普与教育中的应用及其意义。

我们将通过案例分析，展示这些科技基础设施如何成为激发公众科学兴趣、普及科学知识、培养科学精神和创新能力的重要资源。同时，我们也将探讨如何利用大科学装置进行科学教育，提升青少年的科学素质，为国家科技创新提供源源不断的后备人才。

第一节　国内外大科学装置的基本情况

近代科学本质上是实验科学。理论分析和实验手段的结合，既像车之双轮，驱动科学的进步，又像双螺旋结构，是科学不断向前发展的"基因"。科学仪器的发明与改进，已经成为科学进步的关键力量。在各种科学仪器中，综合集成各种实验手段建设而成的大科学装置是最重要的成员之一。设计和建造大科学装置的过程，被称为大科学工程。当前，粒子加速器、核反应堆、高性能计算机、复杂航天器、大型望远镜等基础设施，是大科学装置建设的主流和焦点，在科学研究、产业发展、武器研发中发挥着重要作用。大科学装置作为国家重大科技基础设施，早已成为国之重器，是科技强国的竞争前沿。

一、国外主要大科学装置

国外的大科学装置主要分布在科技发达或资源丰富的地区，如欧洲、北美、亚洲等。具体选址由当地特定的自然条件、科研基础设施的建设能力、经济投入等因素综合决定。这些设施在推动科学前沿研究、促进技术发展和加强国际合作等方面具有举足轻重的作用。

1. 大型强子对撞机

大型强子对撞机位于瑞士和法国边境的欧洲核子研究中心（European Organization for Nuclear Research，CERN），是世界上最大的粒子加速器。大型强子对撞机采用超导技术，使质子或重离子在两个相向的环形管道中加速至接近光速后，在特定位置相撞。高能量的碰撞可以产生各种稀有粒子，为科学家提供研究基本粒子的实验环境。大型强子对撞机的主要目标是探索希格斯玻色子、暗物质粒子及其他基本粒子，为探索物质的基本构成和理解宇宙的基本规律提供线索。2012 年，大型强子对撞机实验宣布发现希格斯玻色子，成为物理学领域的重大突破，补上了标准模型的最后一块拼图。

CERN 在科学教育和科普宣传方面的努力十分广泛。CERN 设立公众参观日，组织在线访问和线下参观实验室，通过实际操作和互动展示，使公众特别是青少年更好地理解粒子物理学和宇宙的奥秘。一个有影响力的计划是始于 1995 年的超环面仪器（A Toroidal LHC Apparatus，ATLAS）实验，它提供各种教育资源，如课堂活动、网站、视频、社交媒体内容和天文馆展出，旨在将希格斯玻色子等复杂的科学发现告诉公众（Barnett and Johansson，2024）。另一项重要举措是 CERN 科学门户，为不同类型的受众提供动手做实验的机会，旨在激发青少年对科学的热爱（Thill et al.，2022）。这些工作说明，CERN 致力于让科学变得可及并激励未来几代科学家和工程师。

2. 国际热核聚变实验堆

国际热核聚变实验堆（International Thermonuclear Experiment Reactor，ITER）位于法国，是一个国际合作项目，由欧盟、美国、俄罗斯、日本、中国、韩国和印度等多国或组织合作建设。ITER 是目前世界上最大的热核聚变实验设施，一旦成功将为人类提供安全、无碳排放、几乎无限的清洁能源。

ITER 采用托卡马克（Tokamak）设计，这是一种环形的磁约束聚变装置，工作原理是利用强大的磁场将热等离子体约束在一个环形的室内。等离子体被加热到上亿摄氏度的极高温度，使氘和氚的原子核克服静电排斥力，发生核聚变反应，释放出巨大的能量。

ITER 的主要目标是验证热核聚变作为能源的可行性，实现人类首次大规模、可持续的核聚变反应。此外，ITER 还将测试和优化核聚变反应堆的各种关键技术与材料，为未来商用核聚变反应堆的设计和运行提供科学与技术基础。

尽管 ITER 目前仍处于建设和组装阶段，但已经取得了一系列重要的进展和成果，包括先进的等离子体控制技术、超导磁体技术和大规模冷却系统等。这些进展不仅为 ITER 的成功运行奠定了基础，也为全球热核聚变研究和未来能源技术的发展作出了贡献。

ITER 在科学教育方面也作出了多项贡献，主要如下。

（1）网络和媒体推广。通过网络资源和社交媒体平台，发布教育内容和科学成就，增进公众对核聚变科学的理解，激发其兴趣（Burton，2021）。ITER 组织的虚拟参观和科普讲座使人们能够更加直观地了解核聚变科学原理、装置建设进展及核聚变能源的未来前景。

（2）合作与包容性教育项目。例如，澳大利亚的国家土著科学教育项目

（National Indigenous Science Education Program，NISEP），通过社区咨询、学生领导和志愿者导师等策略，鼓励来自多种族、不同社会经济背景的学生参与 STEM[科学（science）、技术（technology）、工程（engineering）、数学（mathematics）]教育（Barnes et al.，2021）。

（3）展览和教育内容创建。ITER 还与学校和教育机构合作，积极组织科学展览和开发教育内容，吸引不同年龄段的观众，激发他们对科学技术及未来能源解决方案的兴趣和热情，在学校和公众之间架起科学沟通的桥梁。

3. 詹姆斯·韦布空间望远镜

作为哈勃太空望远镜的继任者，詹姆斯·韦布空间望远镜（James Webb Space Telescope，JWST）于 2021 年 12 月 25 日成功发射升空。JWST 是由 NASA、欧洲航天局（European Space Agency，ESA）和加拿大航天局（Canadian Space Agency，CSA）合作开发的空间天文台，目的是探索宇宙早期阶段首批恒星和星系的形成，以及行星系统的演化等。

JWST 采用了一系列先进技术，装备了一个直径为 6.5 米的主镜，以捕获更多的光线，提供更高的分辨率，比哈勃太空望远镜 2.4 米直径的主镜大得多。JWST 的主镜由 18 块六角形的铍镜面组成，这些镜面可以精确调节，以形成一个完美的单一曲面。红外观测要求仪器设备保持在极低温度，为此，JWST 配备了一个巨大的太阳挡板，以保护望远镜免受阳光直射。

JWST 的发射时间一再推迟，但发射后顺利进入科学运行阶段，取得一系列突破性发现。JWST 对红外波段的观测，可以窥见宇宙中被尘埃遮挡的区域，捕捉到早期宇宙的光芒，观测到比哈勃太空望远镜更遥远、更年轻的宇宙，提供关于宇宙起源和演化的重要线索。JWST 可以观测到正在形成中的星系、第一代恒星的诞生、行星系统的形成等。对古老光源的研究，可以回答我们的宇宙是如何从大爆炸后的简单状态演化成如今丰富多样的结构的。JWST 的高分辨率和灵敏度，还使其成为探索系外行星大气成分的理想工具，为寻找地外生命提供了关键数据。

JWST 在科普和教育中扮演着重要角色，通过提供前所未有的宇宙图像和数据，激发公众特别是青少年对宇宙、太空、天文、航天和寻找地外生命等领域的兴趣。NASA 及其合作伙伴还开发了如下一系列教育资源和科普活动。

（1）在线教育资源包括互动工具、教育工具包、游戏和应用程序，帮助学生和教师了解 JWST 的科学任务与技术细节。

（2）教育活动和研讨会旨在为不同年龄段的学生提供科学教育。例如，Seeing Starlight with the James Webb Space Telescope（用詹姆斯·韦布太空望远镜观测星光）是一项手工活动，帮助学生了解恒星的生命周期。

（3）公众参与和展示。JWST 的图像和发现被广泛用于公众讲座、展览和天文活动中。其中，最有影响力的工作之一是通过互联网和社交媒体进行的科学传播。JWST 的首批图像发布后，迅速成为国际新闻热点，吸引了广泛的公众关注，不仅提高了公众对科学的兴趣，还帮助 NASA 重新赢得了公众和科学界的支持，确保了 JWST 项目的成功。随着 JWST 揭示出更多的宇宙奥秘，其在科普和教育中的作用将进一步增强，加深人类对我们宇宙家园的理解。

这些努力显著提升了公众对科学的兴趣和理解，同时激发了年轻一代对科学探索的热情。JWST 在科普和教育中的成功经验包括将科学传播团队置于组织的顶层、利用活跃的科学家进行宣传、避免讲课式的教育方法，以及长期投入和策略性的公众参与。

二、国内主要的大科学装置

根据国家发展和改革委员会、财政部、科学技术部、国家自然科学基金委员会发布的《国家重大科技基础设施管理办法》，大科学装置是国家重大科技基础设施，是指为提升探索未知世界、发现自然规律、实现科技变革的能力，由国家统筹布局，依托高水平创新主体建设，面向社会开放共享的大型复杂科学研究装置或系统，是长期为高水平研究活动提供服务、具有较大国际影响力的国家公共设施。大科学装置建设和运行具有重要的国家战略意义，是国家科技发展硬实力的体现。

首先，大科学装置是科学研究和技术创新的前沿阵地。通过高性能的科学仪器和复杂的研究设施，科学家能够探索自然界的未知领域，从基础物理学到天文学，从生物科学到材料科学，推动科技进步和创新。例如，大型强子对撞机帮助科学家发现了希格斯玻色子，这是粒子物理学领域的重大突破，为理解宇宙基本构造提供了关键线索。

其次，大科学装置是国际合作与交流的重要平台。大科学装置的建设和运行需要巨大的资金投入、先进的技术支持和管理模式，各国科学家通常会跨国合作，共享资源和成果。这样的国际合作不仅促进了科学研究的全球化，也加强了不同国家之间的科技交流和合作，提升了国家在国际科学界的影响力和地位。

最后，大科学装置的建设和运营推动了高技术产业的发展。从超导材料到精密仪器，从大数据处理到新型能源技术，大科学装置建设和运行过程中产生的各种需求，促进了相关产业的技术创新和产业升级。这不仅为国家经济发展贡献了新的增长点，也提高了国家在全球高技术产业中的竞争力。

近年来，我国重大科技基础设施建设取得显著进展，到"十三五"末期，投入运行和在建设施总量约 77 个，呈现出技术更先进、布局更完整、运行更高效的新态势。国内大科学装置主要包括以下三种类型。

（1）公共实验平台。这是为多学科领域的基础研究、应用基础研究和应用研究服务，具有强大支持能力的大型公共实验装置，包括合肥同步辐射装置、上海同步辐射光源、上海软 X 射线自由电子激光装置、中国散裂中子源等。

（2）专用研究设施。这是为特定学科领域的重大科学技术目标建设的研究装置，目的是提升我国基础前沿研究水平和自主创新能力，包括北京正负电子对撞机、兰州重离子加速器、全超导托卡马克核聚变实验装置、国家蛋白质科学基础设施、FAST、大天区面积多目标光纤光谱望远镜（Large Sky Area Multi-Object Fibre Spectroscopic Telescope，LAMOST）、大亚湾中微子实验等。

（3）公益基础设施。这是为国家经济建设、国家安全和社会发展提供基础数据的重大基础科学技术设施，为社会发展提供必不可少的保障，包括卫星地面站、遥感飞机、航空遥感系统、子午工程、长短波授时、海洋科学考察船、种质资源库等。

第二节　大科学装置的典型科学教育案例

一、中国西南野生生物种质资源库与种子博物馆

中国西南野生生物种质资源库是一座中国生物资源的贮藏宝库，被中央电视台等媒体誉为我国野生生物的"诺亚方舟"。自 2009 年国家验收以来，收藏了超过 20 000 种、210 000 份的各类种质资源，处于核心地位的植物种子资源为 229 科、9484 种、71 232 份，占中国种子植物种类的 32%。其中，包括 4000 种、13 178 份中国特有植物种子，近百种、442 份珍稀濒危植物种子，以及来自青藏高原的 15 337 份种子，基本摸清了青藏高原植物种质资源的"家底"。

中国西南野生生物种质资源库推动我国生物多样性的研究，为中国履行《生物多样性公约》提供了坚实后盾，构建起我国新型的植物百科全书式智能植物

志，推动了我国植物学相关领域学科的发展。

中国西南野生生物种质资源库不仅是一座生物资源的宝库，更为开展科学教育提供了丰富资源。2013 年，中国科学院首次向公众开放的种子博物馆便吸引了众多访客，成为科普教育的一个亮点。

2010 年，中国西南野生生物种质资源库与上海世界博览会英国馆和"千年种子库"合作，联手打造了"种子圣殿"。英国馆作为上海世界博览会期间最受欢迎的展馆之一，参观人数超过 700 万人次，受到公众的高度关注和众多主流媒体的报道。

2013 年，依托该大科学装置建设的国内第一家以种子为题材的博物馆——种子博物馆对外开放，集中展示种质资源库的部分成果，成为公众参观和了解种子相关知识的科普场馆，也是大中专院校、中小学生系统学习和实践生物多样性保护的大课堂。

中国西南野生生物种质资源库开发了多种教育资源和课程包，供学校和教育机构使用。这些资源包涵盖了植物学、生态学和环境保护等多个领域，旨在提升学生对生物多样性和种质资源保护的认识。

中国西南野生生物种质资源库定期举办科学讲座和工作坊，邀请专家学者向公众和学生讲解最新的科学研究进展及种质资源保护的重要性，激发年轻一代对科学探索的兴趣，并提高他们的环境保护意识。

二、围绕 FAST 开展的科学教育

FAST 位于贵州省平塘县，是目前世界上最大的单口径射电望远镜。FAST 主要用于探索宇宙中的中性氢、大规模脉冲星、星际分子和星际尘埃，并研究星系和恒星的形成与演化等。自 2016 年 9 月 25 日整体完工并投入使用以来，FAST 在天文学研究领域取得了诸多突破性成果。

FAST 在科学研究上取得了重大成就，不仅如此，还围绕其开展了丰富多彩的科普和教育活动。贵州省投资建设了平塘国际天文体验馆，集中展示 FAST 的设计、建设过程和科研成果，并通过互动展览和多媒体内容，使访客直观了解射电天文学的基础知识和 FAST 在探索宇宙中的重要作用。

FAST 的建设和运行对贵州的经济与社会发展起到了显著的推动作用。FAST 项目吸引了大量科研人员和游客，带动了当地的旅游业和服务业发展。通过基础设施的改善和知名度的提升，促进了地方经济的整体提升。FAST 项目还为当地居民提供了就业机会，改善了他们的生活条件。2017 年，黔南布依族苗族自治

州平塘县国际射电天文科普旅游文化园被国家民族事务委员会评为"第五批全国民族团结进步创建示范区（单位）"。

围绕 FAST，创作了多部电影、电视剧、短视频、纪录片、科普图书等科普作品。这些作品在国内外多次获奖，深受读者和观众喜爱，通过多样化的载体、生动的语言和丰富的科普内容，将复杂的天文知识通俗易懂地传达给公众，尤其是青少年群体，在中小学生中产生了显著的教育效果。全国各地组织了围绕 FAST 的天文夏令营、青少年科学探索活动等，激发了学生对天文学的兴趣。有些学生在参观和学习后，立志将来要从事相关领域的研究。通过亲身体验和互动，他们不仅增长了知识，还培养了科学探索的精神和创新思维能力。

以大科学装置为核心，衍生出的科学教育园区乃至文化旅游产业，不仅是围绕大科学装置开展科学教育的新形式，也为地方经济发展注入了新动力，提升了社会价值。

三、高海拔宇宙线观测站

高海拔宇宙线观测站（Large High Altitude Air Shower Observatory，LHAASO）位于四川省稻城县，是世界上最灵敏的超高能伽马射线望远镜，其核心科学目标是探索高能宇宙线起源。自运行以来，LHAASO 已经取得多项突破性科学成果，开启了超高能伽马射线天文学的新时代。该观测站位于四川省稻城县海子山，平均海拔 4410 米。同时，LHAASO 在稻城县测控基地建设有近 500 平方米的科普展厅，在成都市建设有天府宇宙线研究中心，全面支撑设施科学运行和科普活动开展。

LHAASO 由观测基地（海子山，海拔 4410 米）和测控基地（稻城县城，海拔 3750 米）组成，相距约 50 千米。测控基地建有办公楼、宿舍楼、食堂等后勤设施，以保障观测基地的运行。

1. 科普展厅和教育活动

为展示 LHAASO 的科学成果及其在宇宙线研究领域的应用，测控基地设有近 500 平方米的宇宙线主题科普展厅，配备多媒体平台、核心设备模型和讨论交流区。在科普展厅举办的会议、报告、论坛等活动，为科学教育提供了良好的平台，使访客能够直观了解 LHAASO 的基本知识和探测原理，充分感受大科学装置的魅力。科普展厅和观测基地的科学设施形成互补，成为政府单位调研、院校参观交流、重大科普活动开展的重要场所。

2. 科学教育与地方经济发展

依托 LHAASO 的科学成果和设施，甘孜藏族自治州在稻城县规划了空天主题的科学园区，建设了一系列从射电、光学到高能波段的空天观测设施，形成了研学、文旅、科普全方位的科学传播体系。LHAASO 积极推动制定稻城天文科学园的规划，将科学设施与科普研学、文旅经济紧密结合，促进甘孜藏族自治州的经济发展。

LHAASO 与国内外 32 家科研机构合作，形成了一个近 300 人的国际合作组。大量优秀青年科研人员投入科普活动，通过在观测站的现场科普讲解、参与央视"开学第一课"等活动，扩大了观测站的影响力。2023 年，LHAASO 于合作组会期间在成都组织了"宇宙线科学进校园"活动，启动仪式直播观看达 50.5 万人次，科普讲座惠及上千名中小学生，受到广泛关注。

3. 科学成果推广

LHAASO 取得了一系列科学成果，如探测到迄今最高能量光子和最亮伽马射线暴等。在这些重大成果产出期间，LHAASO 深度挖掘科学内涵，开发了系列科普产品，包括成果解读海报、明信片和科普解读视频等。这些产品通过多种形式阐述科学成果的基本原理和重大意义，并通过广泛传播，增强了公众对科学的了解。LHAASO 制作的科普视频获得了中国科学院科普视频一等奖、全国优秀科普视频等荣誉，在中国科普博览和全国科普日等活动中得到广泛传播。

4. 科普联动与合作

LHAASO 牵头组织了四川大科学装置开放合作联合会，通过加强开放合作，整合大科学装置的科学教育资源，提升科学资源利用效率。联合会组织科学教育研讨会，邀请国内有代表性的设施，如 FAST、中国散裂中子源、上海同步辐射光源等，共同探讨科学教育的最佳实践，提高科学教育工作能力。依托 LHAASO 等在四川大学的科学装置，推动四川省科学教育和科研成果转化，促进区域经济发展。

5. 参与各类科普活动

LHAASO 积极参加中国科学院公众开放日、中国科学院科学节、全国科普日、科技活动周等大型科普活动，展示我国在基础研究领域取得的重大成果。2021 年，LHAASO 参与了科学技术部"十三五"科技创新成就展，国家领导人参观了该展览。2022 年，参与了中宣部组织的二十大科技成就展。在这些活动中，LHAASO 展示了我国在宇宙线观测领域的突破性成果，提高了公众对科学的关注度和了解度。

通过整合资源、开发科普产品、组织各类科普活动，LHAASO 在科学传播和教育领域取得了显著成效。依托高端科学装置，LHAASO 不仅推动了科研发展，也促进了地方经济和社会发展，为公众特别是青少年的科学素质提升作出了重要贡献。

大科学装置作为国家科技硬实力的重要体现，其科普功能的充分发掘与利用对于提升公众科学素质、加深科学研究的社会认可度具有重要意义。通过一系列品牌化的科学教育活动，大科学装置不仅展现了其科研价值，还体现了其在社会教育、文化传播中的重要作用。

通过中国西南野生生物种质资源库、FAST、LHAASO 等大科学装置的科学教育案例，我们看到了大科学装置在科学教育中的巨大潜力和显著效果。未来，随着更多大科学装置的建成和运行，它们在科学教育领域的作用将越发显著，成为连接科学与社会的重要桥梁。

第三节　大科学装置科普资源的设计与开发

一、大科学装置的科学教育目标

大科学装置具有规模大、学科全的特点，集中展现了科学的魅力，是一个科普和教育的综合载体。利用大科学装置进行科普要达到如下主要目标。

一是提升社会价值，要充分发掘大科学装置的科学教育功能，优化其社会价值，实现大科学装置价值的最大化和最优化。

二是要增强公众认知，加深公众对大科学装置的了解，提高公众对基础研究的认可度和兴趣。

三是要扩大社会影响，促进基础科学与社会公众的良性互动，营造大科学装置建设与发展的科普氛围和社会基础。

二、大科学装置科普资源开发的主要优势

大科学装置科普资源的开发，需要充分发挥以下优势。

一是要提供直观的科学体验。大科学装置展示的是最前沿的学科与技术发展

动态，通常占地面积大、单体构建庞大、内容体量丰富。通过开放日、科普讲座、在线课程等形式，大科学装置为公众，尤其是青少年，提供了亲身体验科学研究的机会。这些活动不仅增强了公众对科学的兴趣和理解，还激发了年轻一代对科学研究的热情，为国家培养了未来的科技人才。

二是要展现综合的科学元素。大科学装置往往具有学科交叉、知识集成、科学与工程整合的特点。通过大科学装置的真实案例，青少年可以集中了解爱国奉献、大力协同等科学家精神。除了科学知识之外，大科学装置中还蕴含科学精神、科学文化和科学态度，有人物，有故事，有精神，全面体现了科学的魅力。

三是要拥有最强的科普明星阵容。大科学装置的提出、建设和运行，体现了科学家的团队合作精神。大科学装置背后既有领导建设的战略科学家，也有默默无闻为其建设作出贡献的普通科技工作者。这些科学家和普通科技工作者的故事与精神，可以通过科普活动传递给公众，尤其是青少年，激励他们追求科学梦想。

三、大科学装置科普资源开发的主要内容

大科学装置在科普和教育中扮演着重要角色，科普资源开发的主要内容如下。

（1）多样化的科普活动。通过组织开放日、科普讲座、科学夏令营、实验室参观等活动，直接让公众参与到大科学装置的科学研究中。在线课程和虚拟现实体验等新兴技术，也可以为不能亲临现场的公众提供沉浸式的科学体验。

（2）真实案例教学。利用大科学装置的真实案例，开发科普活动和教学资源。通过具体的科学项目和实验，展示科学研究的全过程和成果，使学生更直观地理解科学知识和方法。

（3）科学家与公众互动。组织科学家与公众的互动活动，如科学家讲座、设置问答环节、建工作坊等，让公众有机会直接与科学家交流，了解科学家的工作和生活，感受科学精神和团队合作的重要性。

（4）传播科学精神和文化。制作和传播有关大科学装置的纪录片、科普书籍、科学故事等，广泛传播科学家的精神和故事。通过这些媒介，让公众特别是青少年感受科学的魅力和科学家的奉献精神，培养他们的科学兴趣和志向。

总之，通过充分利用大科学装置直观性、综合性和团队合作的优势，依托其开展多样化的科普活动，可以极大地提高公众的科学素质，激发青少年的科学兴趣和创新精神，这对国家科技人才的培养具有重要意义。

四、大科学装置科普产品开发的主要形式

为了充分发挥大科学装置进行科普的优势，实现上述目标，需要围绕大科学装置进行科普功能开发，包括科普产品、科普展览、科学教育基地等形式。

利用大科学装置开发科普产品，如图书、视频、展品等，是科普工作的重要方面。这些产品能够将复杂的科学概念和研究成果，以公众容易理解的形式传达，有效提高公众的科学素质和对科学研究的兴趣。

1. 科普图书与融媒体产品

鉴于大科学装置在科学研究、技术进步和社会发展中的重要作用，为了更好地普及科学知识，提高公众对科学研究的理解和支持，实施大科学装置出版工程，旨在通过高质量的出版物，向公众传播大科学装置的科研成果和科学知识。主要特点包括：①跨学科，涵盖了从基础物理、化学、生命科学到地球科学等多个学科领域的大科学装置，反映了跨学科研究的最新成果和趋势；②权威性，内容由参与大科学装置研究的顶尖科学家和工程师撰写或审校，确保信息的准确性和前沿性；③系统性，不仅介绍每个大科学装置的研究目标、设计原理、技术特点和科研成果，还涉及其对相关学科发展的贡献和未来的研究方向；④普及性，尽管内容涵盖复杂的科学原理和技术细节，但力求用通俗易懂的语言表达，配以大量图表和图片，使公众能够轻松理解。

大科学装置出版工程的出版物类型主要包括图书、科普杂志特辑、电子出版物和多媒体产品、展览展示材料。

图书：深入浅出地介绍大科学装置的科学原理、研究成果和社会影响，适合广大读者阅读。具体到每个项目的详情和成果，包括所涉及的大科学装置的名称、研究成果和出版物等，这些信息可能会根据实际的研究进展和出版计划有所变动。

科普杂志特辑：围绕特定的大科学装置发布专题特辑，介绍最新研究动态和科学探索故事。

电子出版物和多媒体产品：包括电子书、在线视频、互动软件等，利用数字化和互动技术，为公众提供更加丰富多样的学习体验。

展览展示材料：为科技馆和科学教育中心提供展板、互动展项等展示材料，直观展示大科学装置的魅力。

大科学装置出版工程不仅加强了科学研究成果的社会传播，还有效促进了科学文化的普及，提高了公众的科学素质。这些活动和出版物架起了科学界与公众之间的桥梁，让更多人能够感受到科学的魅力，激发年轻一代对科学探索的兴趣

和热情。

2. 科普视频

《大器》是中国科学院物理研究所策划制作的五集系列微纪录片。该系列微纪录片以我国重大科技基础设施建设成果为主，于 2023 年 5 月 30 日全网首播，每周二晚陆续在各大媒体平台推出。

《大器》囊括了我国 77 个重大科技基础设施中的 26 种装置，从海洋到深空，从宇宙到粒子，从宏观构造到微观研究，这些重大科技基础设施为中国科技创新取得卓越成就提供了强有力的支持。这部纪录片通过直观、通俗的镜头语言，聚焦特定领域内的代表性设施，讲述这些大国重器背后不为人知的科学故事与科学家精神，传播科学思想，为我国基础研究营造良好的软环境。

《大器》系列微纪录片由第一集《觅境之足》、第二集《深空之眼》、第三集《生命之舟》、第四集《能量之光》、第五集《微观之钥》组成。每集都有独特的主题，主要介绍代表性装置的建设情况、科学原理、现实应用等，深入揭示近年来我国科技创新在不同领域取得的卓越成就。

3. 科普展品

这里以 FAST 模型和互动展品设计为例，展现基于大科学装置开发的模型和互动展品的设计过程。在多个科技馆中，FAST 的模型和互动展品吸引了众多访客，不仅展示了 FAST 的结构和工作原理，还通过互动屏幕让访客体验搜寻脉冲星和外星文明的过程，极大地提升了公众对天文学和射电望远镜技术的兴趣。

将 FAST 的高深科学原理和研究成果转化为公众特别是儿童与青少年都能理解与感兴趣的内容，需要创新的科普传达方式和深入浅出的解释。如何在有限的空间内，通过模型和互动展品准确地展示 FAST 的复杂结构与高精尖技术，是设计和实现过程中的一大挑战。

设计和实现：设计 FAST 模型和互动展品的过程，既是一次技术挑战，也是一次创新探索。FAST 庞大的规模和高度复杂性使得其模型与互动展品的设计过程充满挑战。

规划与研究：团队首先进行了广泛的研究，包括 FAST 的工程设计、科学目标及其对天文学的贡献等，确保展品设计的科学性和准确性。

概念设计：在充分理解 FAST 的基础上，设计团队开始概念设计阶段，探讨如何将 FAST 的复杂工程和科研成果以易于公众理解的方式展示出来。这包括模型的比例、互动展品的形式、内容及用户交互方式等。

模型制作：考虑到 FAST 直径达 500 米，模型需要精确到每个反射面板，这对模型的制作精度和材料选择提出了高要求。模型不仅要在视觉上还原 FAST，还要在材质和触感上给观众以直观印象。

互动展品开发：互动展品的开发需要软件和硬件的紧密配合，以实现让访客体验搜寻脉冲星和外星文明的过程。开发团队采用了先进的编程技术和用户界面设计，确保互动体验既具有较强的教育性，又具有趣味性。

4. 科普展览

大科学装置可以独立或整合，设计为科学重器展和创新成果展等综合布展。以中国科学院为例，通过举办"科学重器展"和"率先行动 砥砺奋进"创新成果展等科普活动，大科学装置成为吸引公众目光的焦点。这些展览向公众展示了大科学装置的魅力，加深了公众对大科学装置及其在基础科学研究中作用的了解。

全国科技活动周——科学重器展。2016 年 5 月 14～21 日，全国科技活动周北京主会场主厅设有中国科学院独立展示空间，以"科学重器——大科学装置助力科技创新"为题，组织 10 个研究所的 12 个大科学装置展品参展，该展区成为活动中广受欢迎的核心区域。刘延东、李岚清、郭金龙、万钢、白春礼等领导莅临参观，总观展人数达 10 万人。

"率先行动 砥砺奋进"创新成果展。时任国务院副总理刘延东视察参观"率先行动、砥砺奋进——'十八大'以来中国科学院创新成果展"，对该成果展给予充分肯定，认为展示成果丰富、令人振奋。

国家"十二五"科技创新成就展。为展示 2011～2015 年科技创新的重大成果，该展览汇集了多个领域的科技进展，其中大科学装置作为展示科技创新能力的重要部分，受到了特别的关注。该展览旨在公众中普及科学知识，增强国民对科技进步的认识，并激发年轻一代的科学兴趣和创新意识。观众对大科学装置展览的反馈普遍积极。许多参观者表示，通过展览，他们对国家科技创新的成就有了更直观的了解，尤其是对那些平时只能在新闻报道中见到的大科学装置有了近距离的观察和了解，感到非常震撼和自豪。学生和年轻观众特别感兴趣，他们对科学探索和技术创新表现出浓厚的好奇心与热情。此外，中国科学院基于大科学装置，还打造了丰富多彩的科普活动，如全国科技周、求真科学营、青少年高校科学营（西部营）等。

理解·反思·探究

1. 理解大科学装置的定义与重要性。大科学装置是什么？为什么大科学装置在现代科学研究中如此重要？

2. 具体案例分析。哪些具体案例展示了大科学装置的科普作用？这些案例是如何提升青少年科学素质和培养创新能力的？

3. 科普资源开发与形式。大科学装置科普资源有哪些形式？这些科普资源如何发挥大科学装置的社会价值和影响力？

4. 大科学装置对公众科学兴趣的影响。大科学装置在激发公众科学兴趣方面发挥了哪些作用？你认为哪些科普活动最能吸引公众，特别是青少年的兴趣？

5. 科普资源的开发与挑战。在开发大科学装置的科普资源过程中，可能会遇到哪些挑战？如何克服这些挑战以提高科普资源的质量和吸引力？

6. 科普资源设计。选择一个你感兴趣的大科学装置，设计一个科普活动或展览，描述你的设计思路和具体实施方案。

7. 科学探究项目。基于大科学装置的实际案例，制定一个科学探究项目。比如，如何利用粒子加速器研究物质的微观结构？

8. 跨学科融合。考虑到大科学装置的多学科交叉性质，设计一个跨学科的科普课程，课程应包括物理、化学、生物等学科内容，展示大科学装置的综合应用。

例题

1. 请简述大型强子对撞机的主要功能和科学意义。

2. 你认为大科学装置在未来的科普和教育中还有哪些潜力与发展方向？

3. 如果让你设计一个科普视频，介绍 ITER 的原理和应用，你会如何向大众解释复杂的科学概念，使其易于理解？

本章参考文献

Barnes E C, Jamie I M, Vemulpad S, et al. 2021. National indigenous science education program （NISEP）: outreach strategies that facilitate inclusion. Journal of Chemical Education, 99 （1）: 245-251.

Barnett R，Johansson K E. 2024. The impact of an innovative education and outreach project. Frontiers in Physics，12：1393355.

Burton M. 2021. Rapporteur talk：outreach and education//Proceedings of the 37th International Cosmic Ray Conference.

Thill P，Woithe J，Schmeling S. 2022. New educational activity about CMS air pads for education labs at CERN Science Gateway//Proceedings of 41st International Conference on High Energy Physics—PoS（ICHEP2022）.

第七章

科普资源整合与管理

要点提示

1. 简要介绍科普资源获取的基本原则和主要渠道，并对科普资源的主要整合方式进行探讨。

2. 简要介绍科普资源存储与管理的基本概念，对新时代下的科普资源管理优化策略进行思考。

3. 介绍科普资源配置与利用的基本概念，并在此基础上深入介绍科普资源配置与利用的现状及存在的问题。针对现存问题，对未来应如何更好地实现科普资源的优化配置与利用进行简要探讨。

4. 对科普资源知识产权这一概念进行界定，并介绍科普资源知识产权相关的法律法规，着重介绍应如何规范科普资源知识产权。

学习目标

1. 了解科普资源获取与整合、存储与管理的基本概念。

2. 掌握科普资源获取与整合的基本方法，熟悉科普资源存储与管理的流程，能够初步独立完成科普资源的整合利用。

3. 了解科普资源配置与利用、科普资源知识产权的基本概念。

4. 理解科普资源知识产权相关的法律法规，熟悉应如何规范科普资源知识产权。

5. 掌握科普资源配置与利用的现状、存在的问题及优化路径。

2021 年，国务院印发《全民科学素质行动规划纲要（2021—2035 年）》，明确指出要实施科技资源科普化专项行动，开发科普资源。科普资源是科普工作持续推进所依赖的物质条件和科普能力建设的核心要素。科普资源的获取与整合，是科普工作中极其重要的环节，明晰科普资源获取与整合的相关原则、作用机理、发展现状、优化路径等，有助于对科普资源的进一步开发、利用和保护，同时也可为科普资源的优化配置提供参考。

本章主要对科普资源的获取与整合、存储与管理、配置与利用等方面的基本情况进行介绍。同时，本章也将着重介绍科普资源的知识产权及相关的法律法规，并探讨应如何规范科普资源的知识产权。

第一节　科普资源的获取与整合

科普资源是科普工作的重要前提和基础，是提升科普能力的重要因素之一，《全民科学素质行动规划纲要（2021—2035年）》中提出的5项重点工程（科技资源科普化工程、科普信息化提升工程、科普基础设施工程、基层科普能力提升工程和科学素质国际交流合作工程）都与科普资源建设息息相关。随着我国进入新发展阶段，科普和科学素质建设的需求发生了改变，如何更加高效地利用好科普资源、真正服务于公众，成为科普事业发展的重要工作之一。根据第一章科普资源概述中关于科普资源的定义，本节主要围绕实物科普资源和数字科普资源两大类展开探讨。

一、科普资源获取的原则

1. 科学性

确保科普资源中包含的科学技术知识、方法等的科学性、准确性是做好科普工作的必要条件。人云亦云，传播不正确的观点、知识、方法，充当伪科学的传播者，则会造成恶劣的影响。科普资源应聚焦于普及科学知识、倡导科学方法、传播科学思想、弘扬科学精神四个方面，在遵循科学的特征、表达科学特性的基础上，创造性地把职业科学的真理性、客观性以适应大众接受能力的易理解的方式进行传播，从而为大众所掌握。在收集、整理科普资源时，应做到谨慎小心，寻求准确的、权威的科学支撑，避免误导公众。

2. 通俗性

通俗性是科普资源的基础，指以简单易懂的方式，从最简单的、众所周知的材料出发，用流行的语言、方法、例子等来讲述和解释科学知识，启发观众去思考更深一层的问题。科学概念中往往有很多专业术语，不具备相应知识背景的外行公众往往难以理解，甚至望而却步。通俗性要求科普资源所运用的语言更加通俗易懂，能将高深的专业知识深入浅出地传达给受众，让科普更"人性化"。

3. 趣味性

趣味性是科普资源的灵魂，通过运用逻辑思维，发掘科学技术内涵的趣味性；运用形象思维，以文艺（文学与艺术）的手段来表现趣味性。有趣的人和事才能为公众所喜闻乐见，有趣的知识比无趣的知识更受欢迎，严肃知识以有趣的形式表达出来，也比照本宣科更受欢迎。纵观科学传播史，"科学败给迷信"向来并不罕见，科学欲与伪科学争夺受众，必须讲究策略，而提高科普的趣味性无疑是有效的策略之一（党伟龙，2011）。

二、科普资源获取的主要渠道

（一）实物科普资源的获取

1. 科普人才资源

科普人才是指从事科普事业或专业性工作、具有一定专门知识的劳动者。新时代科普人才资源的保障可以从以下几个方面考虑：一是具备专业科学知识的科技工作者，发挥其在科普工作中的主力军作用；二是专兼职科普工作者，从人才培养角度来看，我国已有十几所重点高校明确设立了科技传播、科学普及相关专业或研究方向，培养硕士及以上学历的科普人才；从职业发展来看，中国科学技术协会及地方先后面向从事科普专业工作的专兼职人员开展自然科学研究系列科普专业职称评审工作；三是从事科普相关工作、对科普工作感兴趣的人群等，可以通过继续教育提高科普理论素养、科普实践能力等。

2. 科普场地资源

科普场地资源是指用于展示和传播科普知识的物理空间，包括科普场馆和公共场所科普宣传设施两个部分。科普场馆包括科技馆（以科技馆、科学中心、科学宫等命名，以参与、互动、体验为主要展示教育形式，传播、普及科学的科普场馆）、科学技术类博物馆（包括科技博物馆、天文馆、水族馆、标本馆、陈列馆、生命科学馆及设有自然科学部和人文社会科学部的综合博物馆等）和青少年科技馆站 3 类场馆；公共场所科普宣传设施包括城市社区科普（技）活动场所、农村科普（技）活动场所、流动科普宣传设施（包括科普宣传专用车和流动科技馆站 2 类）、科普宣传专栏 4 类设施（中华人民共和国科学技术部，2023）。这类科普场地资源一般对公众开放，可通过官方平台寻求协作。

3. 科普传媒资源

科普传媒资源中的实物资源主要涵盖科普图书、科普期刊和科普报纸，以及科普读物和资料等。

科普图书作为科普的重要载体之一，在提高公众科学素质方面发挥着不可替代的作用。根据开卷中文图书市场零售数据监测机构的数据，近几年来，科普图书在整体图书市场的码洋比重持续保持上升。随着科普创作和科普出版受到国家层面与地方政府的不断鼓励及支持，在中宣部主题出版重点出版物入选选题和历年"中国好书"入选书目及其他相关评选和各类榜单中，科普读物占据重要席位，这类综合性的图书评选是获取优质科普图书的重要来源之一。此外，还有专门针对科普类图书的奖项、榜单评比，如我国的文津图书奖·科普图书奖、科学技术部每年评选的全国优秀科普作品，以及国外的英国皇家学会科学图书奖等。

相比"百科"化的科普图书，科普期刊和科普报纸更具有专业性。据统计，全国有 1100 余种科普期刊，既有针对某一专门领域的，如《农业知识》，又有针对不同年龄段的，如《儿童故事画报》。更具有实效性的科普报纸也是如此，涵盖从自然科学到社会科学多个领域的科技知识。对这类科普资源的选择需要"对症下药""因材施教"。

科普读物和资料是指在科普活动中发放的科普性图书、手册、音像制品等正式和非正式出版物、资料，可通过直接参与科普活动和翻阅科普活动的总结材料获取。

4. 科普活动资源

科普活动是促进公众理解科学的重要载体，主要包括科技活动周活动，科普（技）讲座，科普（技）展览，科普（技）竞赛，青少年科普活动，科研机构、大学向社会开放，科普国际交流，实用技术培训和重大科普活动。一方面，可以通过直接参与科普活动获取科普资源，这类活动通常由国家机构、各级科学技术协会、科研院所、出版机构等组织；另一方面，可以通过获取其他科普资源进行筹备、策划科普活动。

（二）数字科普资源的获取

根据中国互联网络信息中心发布的第 52 次《中国互联网络发展状况统计报告》，截至 2023 年 6 月，我国网民规模达 10.79 亿人，较 2022 年 12 月增长 1109 万人，互联网普及率达 76.4%（中国互联网络信息中心，2023）。互联网时代，科普内容的呈现形式更加多样，网络成为当代科学传播的主要渠道之一（中国科学院科学传播研究中心，2021），我国高度重视科普工作，鼓励、积极引导网络科普的发展。

数字化科普资源通常分为两类：一类是通过传统科普资源的转化而来，另一类是通过开发新的数字科普资源而来。整体来看，我国科普事业初步形成了政府主导、社会参与、开放合作的协同工作体系（科技部等，2022），数字科普资源的建设也同样呈现出政府主导、多元参与的特点。从数字科普资源的获取源头来看，主要分为以下三类。

1. 传统电视台、电台科普节目

电视、广播作为传播科技信息的主要渠道，承担着向社会普及科技知识的重任，是提升公众科学素质的有效途径。以电视节目"天宫课堂"为例，结合载人飞行任务，由中国航天员担任"太空教师"，以青少年为主要对象，采取天地协同互动方式开展科学教育活动。这是我国科学教育活动覆盖面最大和参与公众最多的一次重大实践，"天宫课堂"已成为中国太空科普的国家品牌。

传统的科普媒体在数字化时代也逐渐向数字化方向发展，许多科普节目通过网络平台提供在线观看、点播等服务，从而成为数字科普资源的一部分。这些数字科普资源不仅可以更广泛地传播知识，还可以通过交互性和多媒体形式提供更丰富的学习体验。

2. 科普网站

1）政府、权威机构等主导的科普网站

科普工作是实现创新发展的重要基础性工作，各级科学技术协会在科普工作中发挥着主要社会力量的作用，转化、生产了大量权威和可靠的数字科普资源；各类馆校、科研机构、科普期刊等由于丰富的科教资源、完善的科研设施，也为科普工作提供了必要的支持和保障。

以中国科学技术协会为例，为深入推进科普信息化建设，其在 2015 年打造了全新科普品牌"科普中国"。这是目前我国最大的科普资源平台，共有疾病防治、食品安全、航空航天等 21 个类别的数字科普资源，类别囊括视频、图文、挂图、音频、电子书等，种类丰富、更新及时。同时，对地方科学技术协会、全国学会的优质科普资源也进行了专栏推荐。此外，还链接了 5 个"科普中国"系列品牌网站，合作媒体 66 家，合作机构 42 家，其理念是致力于"让科技知识在网上和生活中流行"。

类似这样政府、权威科研机构等主导的科普资源平台不在少数，例如，由中国科学院、中国工程院和国家自然科学基金委员会主管，中国科学报社主办的科

学网，其 Alexa 网站排名①和中文网站排名均在全国科技类网站中遥遥领先，是全球最大的中文科教类新闻资讯集散中心；我国成立最早的国家级科普平台、中国科普界的权威网站中国科普网则是由科技日报社主管主办、科普时报社运营。

根据中国科普网站排行榜②，政府、事业单位属性的科普网站占据主导，以其科普资源全面丰富、内容准确可靠的优势为提高公众科学素质保驾护航，是获取可靠科普资源的重要平台。

2）民间科普资源网站

互联网科普时代的当下，除传统的科普主体政府和科学家群体之外，社会其他群体、组织、企业和民间科普力量，已经越来越充分地认识到科学传播与普及的意义和价值（赵莉和汤书昆，2012）。以果壳网、小牛顿、索尼探梦等为代表的民间科普网站伴随着互联网技术的进步飞速发展，吸引了大量高黏度的受众，取得了良好的科普传播效果。

以果壳网为例，作为国内知名的泛科普科学文化平台，其于 2010 年正式进入人们的视野。该网站突破科普严肃印象，实现科学与生活相融合，主要分为"科学人""物种日历""吃货研究所""美丽也是技术活"四大板块，分别针对不同的受众群体更加精准传播；在标题和语言表达方式等方面也进行了创新，结合网络受众的兴趣偏好，加入了口语化的语言和网络化的文风（宋军彦和李丹，2018）；能够及时捆绑网络热点，更新及时，更好地抓住大众的注意力。

这类科普网站适应新媒体的特质，实现了科学内容传播的专业性、趣味性、及时性、互动性等多方面的统一，为"国"字头科普网站的运营提供了借鉴。同时，由于着力打造商业品牌、追求盈利，为"博眼球"科学性打折的现象并不少见，需要仔细甄别。

3. 网络应用程序平台

相比传统网站，网络应用程序平台的发展更是加速了信息的传播。第三方数据机构公布的信息显示，大家较为熟悉的微信、抖音、微博在国内即时通信、短视频、微博社交三个赛道上的用户排名第一，月活③量最高甚至超过 10 亿，大流

---

① 网站的世界排名，在一定程度上可以反映出某个站点的流量及受欢迎程度。

② 2015～2020 年连续推出榜单，由"微科普"组织成立评审委员会，依据 Alexa 网站排名、中文网站排名、百度权重、谷歌 PR 值（PageRank）、社会影响、学术影响六项指标对中国境内合法科普网站的综合影响力进行排名。

③ 月活指月活跃用户数量（monthly active user，MAU），是用于反映网站、互联网应用或网络游戏的运营情况的统计指标。

量的网络平台天然具有传播优势。

一方面，应用程序通过开辟专门板块、与官方机构合作等方式提供科普资源；另一方面，机构、公司、个人通过入驻流量平台进行科普传播。以短视频应用程序抖音为例，首页增设"知识"频道及相关标签，汇聚大量科普短视频；又先后与中国科学院科学传播局、中国科学技术协会科学技术普及部、中国科普研究所等共同发起"DOU 知计划""DOU 知计划 2.0"，在产品端对科普内容进行了主动适应（比如打破视频时长限制），鼓励科研机构、科研人员和有能力创作科普内容的个人；在科普资源数量、传播度上占据优势。上文中所提到的"科普中国"、果壳网等都在多个应用程序开设了相关账号。

泛知识学习越来越成为网络应用程序的重要组成部分，为获取科普资源带来极大便利。

三、科普资源的整合

（一）科普资源整合的必要性

"资源整合"是一个经济学术语，是指企业"对不同来源、不同层次、不同结构、不同内容的资源进行选择、汲取、配置、激活和有机融合，使之具有较强的柔性、条理性、系统性和价值性，并对原有的资源体系进行重构，摒弃无价值的资源，以形成新的核心资源体系的过程""只有经过对资源的整合，企业才能提升其各种动态性能力，而企业的这些能力能确保企业绩效的提高，促进企业的成长"（董保宝等，2011）。

科普资源整合指的是将分散在各个平台、领域、形式和媒介中的科普信息与资料进行系统的收集、筛选、组织和重构，使其成为结构更加合理、内容更加丰富、形式更加多样化的科普知识体系。这一过程不仅包括物理资源的整合，如书籍、杂志、视频和展览物品，也包括数字资源的整合，如在线文章、教育软件、互动平台和数据库。科普资源整合的目标是提高资源的利用效率，增强科普工作的针对性和有效性，同时使公众能够更容易地获取和理解科学知识。

科普资源整合的重要性在于它能够打破知识"孤岛"，构建全面、多元的科普生态。科普资源整合，可以消除资源之间的重叠和冗余，补充各类资源间的空缺，提升科普内容的质量和覆盖面。此外，科普资源整合还有利于提高公众对科学的兴趣和科学素质，培养公众的批判性思维和解决问题的能力。

科普资源整合是满足科普需求的内在要求。研究显示，我国科普资源日益丰富、分布广泛，但现有的科普资源格局存在天然的不均衡现象，地区间存在差异、重复建设现象比较明显，科普资源建设的计划性和有组织的开发力度不够，集成和共享程度较差。随着我国公民科学素质的不断提升，需要更多高质量的科普资源。通过科普资源整合，对原有的科普资源进行重新配置、构建和共享，能有效提高资源利用率，缓解区域发展不平衡的问题，满足不同人群的科普需求。

科普资源整合是推动科普发展的必然选择。科技创新、科学普及是实现创新发展的两翼，科技创新是科学普及的源头活水，科学普及推动科技与人、科技与经济、科技与社会、科技与文化的相互融合。科普的目标从最初的传播真理、开启民智到科普"四科"（了解必要的科技知识、掌握基本的科学方法、树立科学思想、崇尚科学精神），科普方式也从大字报、漫画、广播等更新为现代多种多样的形式。科技创新与科普工作的动态发展对更加丰富、系统的科普资源提出了要求。

（二）科普资源整合的常见方式及案例

许多学者研究并提出了各种资源整合的子过程。本节借鉴经济学观点，根据资源整合的不同特点，将科普资源整合过程主要分为稳固型科普资源整合和开拓型科普资源整合两种类型（弋亚群等，2023）。

1. 稳固型科普资源整合

稳固型科普资源整合是指通过优化对科普资源的利用，对现有关键资源及核心能力进行微小的调整，以适应所处环境不断变化的过程。

以"山西科普中国农村 e 站"为例，作为面向农村科普人群的线上线下商务（online to offline，O2O）综合服务平台，其集成了即时信息查询、实用技术学习、专家在线咨询、农民远程培训和电商创业等多种内容资源与服务功能。

"科普中国农村 e 站"将"互联网+科普"的发展思路应用于科普惠农领域，采用线上信息和知识与线下农业技术和产品服务相结合的连接模式，整合了上下游农业、农技、农机、农资、农贸信息，惠及农民生产生活的各个方面。

平台建有农村专业技术协会专区，集成人数众多的专家信息，提供专家咨询服务。依托山西科技传媒集团研发的农村云传媒系统——"中科云媒"，村民可通过终端设备获取实用技术和科普信息，通过系统电商平台学习和培养相关业务技能，还可就生产中的疑难问题视频连线和咨询农业专家。

科普资源整合方面的主要表现为立足于门户网站、移动应用和社交媒体平台，通过公私合作模式，推动传统科普资源数字化、网络化，并在此过程中充分延续和加强传统科普在活动、内容、设施方面的组织、知识和技能优势（赵立新和陈玲，2016）。

稳固型科普资源整合能有效提高科普资源的利用效率，降低资源开发成本，提高科普公共服务水平，以更少的经费为广大公众提供更丰富、更高水平的科普服务，提高科普资源使用的经济效益和社会效益。

2. 开拓型科普资源整合

开拓型科普资源整合是指通过将外部获取的新资源与内部现有资源相结合，或以新颖的方式重组现有资源，建立一种全新的能力，以获得新的竞争优势的复杂动态过程。

以"中国科学院'高端科研资源科普化'计划"为例，该计划自2015年起，开展了诸多科技资源科普化的探索实践。

中国科学院所属科研院所、高校、公共支撑单位充分利用适宜开放的重大科技基础设施、天文台、植物园等，有效提高了资源集约度，增加了科普设施、场地来源。通过打造"中国古动物馆""合肥科学岛"等科普场馆、科普基地等，服务公民科学素质提升。

中国科学院结合重大科学事件、科研成果、社会热点等开展科普活动，丰富科普组织形式。通过支撑"全国科普日"等国家重大活动，打造"公众科学日""中国科学院科学节"等自主科普品牌，使公众充分共享科普成果。

中国科学院组织和鼓励科学家围绕科研设施、科研成果开发系列科普产品，如科普图书、科普音视频等，充分满足公众的科普需求。

此外，中国科学院依托雄厚的技术储备和计算资源，搭建了中国科普博览、明智科普网、化石网等科普网站，建设了中国科学院之声、科学大院、《博物》杂志等微信公众号。院属单位共开设新媒体账号600余个，形成了新媒体集群平台，为互联网注入了大量权威的科学原创内容资源（敖妮花等，2022）。

科普资源整合的主要表现的核心是推动科研人力资源的科普化，充分利用现有科研资源开展科普工作，充分发挥科研机构在现代科学技术普及中的引领和示范作用。

开拓型科普资源使科普应用范围得到扩大，从根本上实现了科普资源的丰富和科普能力的提高。

第二节　科普资源的存储与管理

一、科普资源的存储

科普资源的存储是科普资源管理中的关键环节，不仅关乎科普信息的保护和长期利用，还直接影响到资源的检索效率和使用便捷性。有效的科普资源存储策略需要考虑多种因素，包括数据的安全性、稳定性、可访问性及成本效益等。

1. 存储介质和平台

科普资源可以存储在多种介质和平台上，包括以下几个方面。

专业的科普资源库，如图书馆、研究机构和教育机构内部的数据库或档案库，它们通常为特定类型的科普资源提供专业的存储与管理服务。

本地服务器，对于某些需要高安全性或特定配置的科普资源，可能更适合存储在本地服务器上。本地服务器可以提供更高级别的安全保护和自定义服务，但可能需要更多的维护工作和较高的初始投资。

云存储服务，云存储具有高度的灵活性和扩展性，可以根据需要随时增减存储容量，同时确保数据的远程访问和备份。云存储还可以提供高级的数据管理和分析工具，帮助科普资源的提供者更好地管理和分发内容。

2. 存储格式

科普资源的存储格式应该根据资源的类型和用途来选择，常见的格式如下。

文本，如 PDF、Word 文档、HTML 页面等。文本资源应该选择兼容性好、易于检索和编辑的格式。

图像，如 JPEG、PNG、GIF 等。图像资源应该考虑清晰度和压缩比，确保在不损失质量的前提下减少存储空间的占用。

音频和视频，如 MP4、MP3 等。音频和视频资源通常占用较大的存储空间，因此可能需要特别考虑存储成本和传输速度。

数据集，如 Excel 表格、数据库文件等。对于科学研究和数据分析的科普资源，应确保数据的完整性和准确性，同时提供适当的元数据和说明。

3. 数据安全和备份

数据安全是科普资源存储的另一个重要方面。应该采取适当的安全措施，如数据加密、访问控制和防病毒保护，以保护科普资源不被未授权访问或损坏。此外，定期备份数据是确保科普资源长期安全的关键步骤，应该建立稳定可靠的数据备份机制，包括本地备份和远程备份。

4. 可持续性和可访问性

在设计科普资源的存储方案时，还需要考虑到其可持续性和可访问性。这意味着资源的存储与管理方案应该能够适应技术发展的变化，确保资源长期可用，并且易于公众访问和使用。这可能包括定期更新存储技术、优化资源的组织结构、提高资源的检索效率以及确保资源的兼容性和标准化。

备份和冗余，定期备份科普资源，使用冗余存储机制，以防止数据丢失或损坏。

数据迁移，随着技术的发展，旧的存储设备和格式可能会过时。定期迁移数据到更现代的设备和格式，以确保资源的持久可用。

访问控制，设置合理的访问权限，确保只有授权用户才能访问敏感或私有的科普资源。

元数据和标准化，为每项资源创建详细的元数据，如作者、日期、主题和关键字，以便于资源的组织、检索和共享。同时，遵循行业标准和最佳实践，以确保资源的一致性和兼容性。

通过实施有效的存储策略，可以确保科普资源得到妥善管理，同时提高公众获取和利用这些资源的效率。在选择存储解决方案时，应考虑到资源的类型、规模、使用频率以及目标用户群的需求，以实现科普资源存储的最优化。

二、科普资源的管理

（一）科普资源管理的内涵

科普资源管理需要从现在的需求上与将来的影响上予以考虑，包括资源的识别、获取、维持、保护、存储、利用和评估等过程。科普资源管理的目标是确保资源的有效利用和持续更新，以及保证资源的质量和可访问性。

科普资源管理不仅包括实物资源（如书籍、展览物品）的管理，还包括数字资源（如在线文章、视频、数据库）的管理。有效的科普资源管理需要综合应用信息技术、内容管理系统、数据库技术和人力资源管理等多种方法。

（二）科普资源管理的作用

科普资源管理在提高公众科学素质和推动科学教育的过程中发挥着至关重要

的作用。

1. 提高资源利用效率

通过合理的分类、索引和搜索功能，科普资源管理有助于公众、教育者和研究人员快速找到所需的信息与资料，避免时间和成本的浪费。有效的科普资源管理还可以避免资源的重复采购和积累，确保资源的充分利用。

2. 保障内容的质量和更新

科普资源管理涉及对资源的定期评估和更新，这不仅可以确保内容的准确性和时效性，还有助于引入最新的科学发现和教育方法。通过对资源的持续监控和评价，管理者可以及时发现并纠正错误信息，不断提升资源的质量和价值。

3. 增强资源的可访问性和普及性

良好的科普资源管理有助于打破知识壁垒，使科普资源不局限于对专业人士和学术界开放，而是对所有公众开放。通过在线平台、移动应用和公共展览等多种渠道，科普资源可以更广泛地传播，使更多的人受益于科学知识和方法。

4. 促进资源的创新和多样化

有效的科普资源管理促进了科普资源的创新和多样化。管理者可以根据公众的需求和反馈，不断引入新的内容和形式，如互动教程、虚拟实验室和游戏化学习，使科学教育更加生动有趣，更能吸引公众的注意。

5. 支持科普策略和决策制定

科普资源管理提供了对科普资源利用情况的深入洞察，帮助政府机构、教育机构和科研机构制定更有效的科普策略与计划。通过分析科普资源的使用数据和用户反馈，可以更好地识别科普活动的热点领域和潜在需求，为制定科普政策提供数据支持。

（三）新时代下科普资源管理优化策略

1. 深化培育新时代科普人才

科普人才是科普工作的关键支撑，科普人才队伍建设问题始终是科普发展面临的核心课题。推动新时代下科普工作的开展，需要营造科普人才良性发展的生态环境，加快推动国家重大人才政策在科普人才队伍建设中的适用，特别是在职称评定、资源配置及奖励考核等方面的政策；完善科普奖励激励机制，鼓励科技工作者积极参与科普，将科普成果列入项目成果中；构建科普人才继续教育培训体系，让高校教育与外部培训相衔接、专业技能与科普实际互为补充。

2. 加快推动科普标准体系建立

构建标准体系是运用系统论指导标准化工作的一种方法，是开展标准体系建设的基础和前提工作，也是编制标准、修订规划和计划的依据。科普标准化有助于助推科普工作的规范性与专业化，为优质科普内容创作提供依据，为科普资源多元融合和高效配置提供保障。根据中国科学技术协会科普服务标准化工作专班2023年1月公开发布的《全国科普标准名录》，目前发布的科普国家标准仅9项，还有部分地方标准、企业标准、团体标准，主要集中在科普基地建设、标识设置、科普主体评定、科普展项、流动科技馆等方面，部分领域存在空缺。因此，有必要建立覆盖科普全过程、全领域的标准体系，引导科普工作发展。

3. 探索科普资源共建共享有效路径

积极探索科普资源共建共享有效路径，构筑科普创新资源"蓄水池"。充分发挥政府引导作用，鼓励高校、科研院所、企事业单位、社会组织、社区组织等区域性科普主体积极参与科普工作；建立区域科普共同体，发挥区域科普联动作用，差异化推动区域科普资源分配，如已成立的长三角科普场馆联盟；广泛调动社会力量，形成形式多元化、层面多样化的资金筹集机制，为科普事业的可持续发展打下坚实基础。

4. 推动科普资源数字化转型

随着信息技术的快速发展，社会发展从"动力驱动"转为"数字驱动"，数字化已经成为新一轮科技革命和产业变革的重要驱动力。当前科普工作依旧局限于传统形式，虽然增加了部分新媒体技术，但科普载体和传播手段的数字化水平不高，参与程度低。建议提升全民数字伦理素养，引导公众正确开发和应用数字技术及产品；推动科普资源开发与数字化深度融合，创新科普表现形式；汇聚数字科普资源，打造线上科普平台，打破信息"孤岛"，构建全面、多元的科普生态。

第三节　科普资源的配置与利用

在科技事业蓬勃发展的时代背景下，国家高度重视科普工作，在《全民科学素质行动规划纲要（2021—2035 年）》《"十四五"国家科学技术普及发展规划》《关于新时代进一步加强科学技术普及工作的意见》等一系列重要文件中都提出要加强科普工作，这为我国新时代科普事业的高质量发展提供了根本遵循。

科普资源既是科普工作持续推进所依赖的物质条件，也是科普能力建设的核心要素。科普资源的配置与利用，是科普工作中的关键环节。本节将围绕科普资源的配置与利用，对其相关概念、发展现状与存在的问题等进行介绍。

一、科普资源配置与利用的相关概念

1. 科普资源配置的概念

要解释什么是"科普资源配置"，首先要明晰"资源配置"的概念。《大辞海·管理学卷》中对"资源配置"一词的解释为："在一定的时间与空间范围内，社会对其所拥有的各种资源在其不同用途之间进行的分配。"（夏征农和陈至立，2011）。参照以上内容，"科普资源配置"可解释为：在一定的时空范围内，科普资源拥有主体基于特定目标对已存在的各种科普资源在不同用途之间进行分配和调整，以期达到高效利用和合理分配的优化配置目标，最大限度地满足各类社会公众和科普工作者的需求。

2. 科普资源利用的概念

《现代汉语词典》中对"利用"一词的解释为："使事物或人发挥效能。"具体到"科普资源利用"，是指使科普资源发挥效能的过程。"科普资源利用"与"科普资源配置"同样重要，两者皆是科普资源整合与管理工作中的核心内容。由于科普资源具有稀缺性，因此应充分利用现有的科普资源来推动科普传播的大面积覆盖和科普活动的大范围开展，使稀缺的科普资源发挥最大作用，充分释放出科普的真正功能价值。

二、科普资源配置与利用的现状及存在的问题

（一）科普资源配置与利用的现状

当下国内科普资源包含科普展教品、玩具、纪念品、图书、报刊、图片、音像制品、资源包等，这里将以上科普资源大致分为科普产品资源、科普装备器材资源、科普人力资源三类，主要针对这三类科普资源配置与利用的现状进行简要介绍。

1. 科普产品资源配置与利用的现状

这里所指的科普产品资源主要包括科普文本资源、科普图像和影音资源。不同的科普产品资源，有着不同的配置与利用现状。

首先来看科普文本资源的配置与利用现状。按照前文第三章的描述，科普文本资源主要分为实体的科普图书、科技类报纸、科普期刊。

在科普图书方面，2021 年，全国共出版科普图书 11 115 种①。其中，东部地区出版 6621 种，中部地区出版 2646 种，西部地区出版 1848 种（中华人民共和国科学技术部，2023）。从目前不同区域间科普图书资源配置情况的现状来看，全国科普图书资源在地理空间上的分布与反映人口密度分布规律的"胡焕庸线"基本吻合，科普图书的出版活动最为集中的地区主要在东部，其出版种类数占据全国科普图书的主要份额，其次是经济较为发达的中部地区，而西部地区的出版活动和份额明显偏少（图 7-1）。根据第七次全国人口普查结果，全国总人口约为 14 亿人，其中东部地区（含东北地区）人口为 66 223.2 万人，占 46.91%；中部地区人口为 36 469.4 万人，占 25.83%；西部地区人口为 38 285.2 万人，占 27.12%（国家统计局，2021）。如果以每万人拥有科普图书资源量作为衡量指标，那么，全国各区域的科普图书资源利用状况排序为：东部最佳，中部其次，西部则表现最弱。

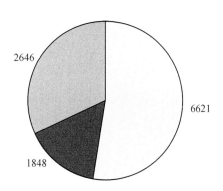

□东部地区 □中部地区 ■西部地区

图 7-1 2021 年东部地区、中部地区、西部地区科普图书资源配置情况（单位：种）

在科技类报纸方面，2021 年，全国共发行科技类报纸 9462.12 万份（中华人民共和国科学技术部，2023）。其中，东部地区发行约 4967.61 万份，占据全国科技类报纸总发行量的主要份额；西部地区数据表现次之，发行约 3017.47 万

---

① 在科普统计中，科普图书的种数以年度为界线，即一种图书在同一年度内无论印刷多少次，只在第一次印制时计算其种数。

份；中部地区数据表现最弱，发行约 1477.04 万份（图 7-2）。如果以每万人拥有科技类报纸资源量作为衡量指标，那么全国各区域的科技类报纸资源利用状况排序为：东部最佳，西部其次，中部则表现最弱。

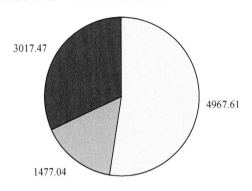

图 7-2 2021 年东部地区、中部地区、西部地区科技类报纸资源配置情况（单位：万份）

在科普期刊方面，2021 年，全国共出版科普期刊 1100 种，其中，东部地区出版科普期刊 610 种，中部地区出版科普期刊 175 种，西部地区出版科普期刊 315 种（中华人民共和国科学技术部，2023）。根据以上全国各区域不同的数据表现（图 7-3）可知，东部地区科普期刊的出版种数占全国总量的一半以上，显著高于中、西部地区。如果以每万人拥有科普期刊资源量作为衡量指标，那么全国各区域的科普期刊资源利用状况排序为：东部最佳，西部表现仅次于东部，中部远弱于东、西部地区。

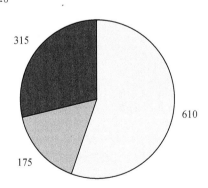

图 7-3 2021 年东部地区、中部地区、西部地区科普期刊资源配置情况（单位：种）

再来看科普图像和影音资源的配置现状。科普图像和影音资源主要包括电视台科普（技）节目、电台科普（技）节目。

在电视台科普（技）节目方面，2021 年，全国电视台全年的科普（技）节目播出时长为 17.75 万小时（中华人民共和国科学技术部，2023）。其中，东部地区电视台共计播放了 7.41 万小时，占全国的主要份额，是各区域电视台科普（技）节目资源配置状况最佳的区域；西部地区电视台的播放时长仅次于东部地区，共计播放了 5.60 万小时；中部地区电视台共计播放了 4.73 万小时，弱于东、西部地区（图 7-4）。

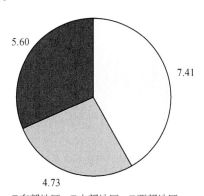

图 7-4　2021 年东部地区、中部地区、西部地区电视台科普（技）节目资源配置情况（单位：万小时）

在电台科普（技）节目方面，2021 年，全国广播电台共播出科普（技）节目时长为 14.60 万小时（中华人民共和国科学技术部，2023），其中，西部地区电台科普（技）节目播出时长远超其他地区，约 5.4 万小时，是各区域电台科普（技）节目资源配置状况最佳的区域；其次是东部地区，超过 5 万小时，最弱的是中部地区，约 4.1 万小时。这也在一定程度上可以看出，区域的经济发展水平和科普资源配置情况并非都具有直接关联性。

2. 科普装备器材资源配置与利用现状

科普装备器材资源是公众认识科学知识、理解科学、树立科学思想的重要工具，这里主要针对科普展品、设施资源和科普场地资源配置与利用的现状进行介绍。

科普展品、设施是科普资源配置的重要内容，其配置情况可以从科普展品、设施经费的使用情况中反映出来。2021 年，全国科普经费使用额共计 189.54 亿元，其中用于科普展品、设施支出的经费为 19.34 亿元（中华人民共和国科学技术部，2023），占比 10.2%，相较于科普场馆基建等其他科普资源经费的使用额，其占比相对较低。

由图 7-5 可知，在 2021 年全国用于科普展品、设施支出的经费总额中，山东、江西、广东、上海、北京这 5 个地区的支出经费约占全国支出总额的一半。其中，山东远高于其他地区，西藏远低于其他地区，两者存在巨大落差。因此，科普展品、设施资源的配置结构目前呈现失衡的态势。

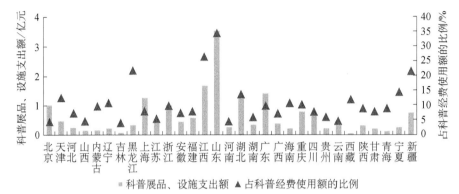

■ 科普展品、设施支出额　▲ 占科普经费使用额的比例

图 7-5　2021 年全国 31 个省（自治区、直辖市）的科普展品、设施支出经费情况

再是科普场地资源的配置与利用现状。科普场地既是举办各类科普培训讲座、科普主题竞赛、科普主题展览等科普活动的专业场所，也是为公众提供科普服务、提高全民科学素质的重要阵地，主要包括科技馆、科技类博物馆和青少年科技馆三类。在科技馆资源方面，2021 年全国共有科技馆 661 个，其中，东部地区有 285 个，中部地区有 175 个，西部地区有 201 个（中华人民共和国科学技术部，2023），可见东、中、西部地区的科技馆资源配置趋于平衡（图 7-6）。如果以每万人拥有科技馆资源量作为衡量指标，那么全国各区域的科技馆资源利用状况排序为：东部地区最佳，西部地区其次，中部地区表现最弱。

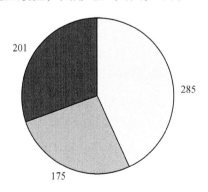

□东部地区　□中部地区　■西部地区

图 7-6　2021 年东部地区、中部地区、西部地区科技馆资源配置情况（单位：个）

在科技类博物馆资源方面，2021 年全国共有科技类博物馆 1016 个，其中，东部地区有 489 个，占全国的主要份额；中部地区有 207 个，占据的份额最少；西部地区有 320 个，仅次于东部地区（图 7-7）。从以上数据可知，科技类博物馆资源的配置结构目前略显失衡的态势。如果以每万人拥有科技类博物馆资源量作为衡量指标，那么全国各区域的科技类博物馆资源利用状况排序为：东部地区最佳，西部地区其次，中部地区表现最弱。

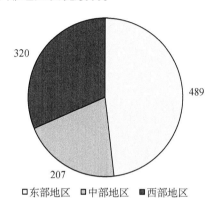

□东部地区　□中部地区　■西部地区

图 7-7　2021 年东部地区、中部地区、西部地区科技类博物馆资源配置情况（单位：个）

在青少年科技馆资源方面，2021 年全国共有青少年科技馆 576 个，其中，东部和西部地区分别有 198 个和 217 个，占全国的主要份额；中部地区最少，共计 161 个（图 7-8）。从上述数据可说明，东部、中部、西部地区的青少年科技馆资源配置有趋于平衡的态势。如果以每万人拥有青少年科技馆资源量作为衡量指标，那么全国各区域的青少年科技馆资源利用状况排序为：西部地区最佳，东部地区其次，中部地区表现最弱。

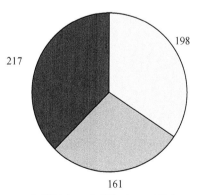

□东部地区　□中部地区　■西部地区

图 7-8　2021 年东部地区、中部地区、西部地区青少年科技馆资源配置情况（单位：个）

3.科普人力资源配置与利用现状

本书中的科普人力资源主要包括科普创作人员、科普研究人员、科普管理人员、科普传播人员等。2021年，全国科普人员整体数量为182.75万人，其中，东部地区科普人员数量为73.62万人；西部地区与东部地区较为接近，为61.19万人；中部地区数量最少，为47.94万人（图7-9）。上述数据表明，东、中、西部地区的科普人力资源配置也存在不平衡的状况。如果以每万人占有科普人员作为衡量指标，那么，全国各区域的科普人员资源利用状况排序为：东部地区最佳，西部地区其次，中部地区表现最弱。

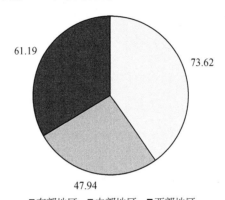

图7-9　2021年东部地区、中部地区、西部地区科普人力资源配置情况（单位：万人）

（二）科普资源配置与利用存在的问题

近年来，科普资源的配置与利用日益受到国家的重视，相关部门先后出台了《"十四五"国家科学技术普及发展规划》《关于新时代进一步加强科学技术普及工作的意见》《科普资源开发与共享工程实施方案》《全民科学素质行动规划纲要（2021—2035年）》一系列政策文件进行推动。尽管如此，我国科普资源在当前的配置与利用上，仍存在科普资源区域配置失衡、科普资源配置与利用效率不高、缺乏落地可执行的政策细则问题。

1.科普资源区域配置失衡

长期以来，我国科普资源一直存在区域配置失衡的问题。我国科普资源通常相对集中在经济发达地区和城市，经济欠发达地区则相对不足。造成这一问题的原因是多方面的，主要原因如下。

一是行政管理体制条块分割。我国曾长期实行计划经济体制，科普资源不是以市场需求规律配置，而是以封闭的指令性计划作为资源配置的主要制度安排。尽管改革后不同行政区域间加强了横向合作，但是按行政隶属关系和行政区划界线组织科普资源配置的旧模式尚未根本改变。这也意味着我国科普资源区域配置是在封闭的条块分割体制下进行的，缺乏科学统一的规划和指导，致使科普资源区域配置失衡。以科普图书资源为例，相比京津冀地区、长江三角洲地区出版活动活跃，中部和西部地区出版活动相对较少，与东部地区之间存在较大落差。

二是缺乏统一且全面的评价标准体系。由于各区域间经济发展水平和当地政府对科普事业的重视程度各有不同，各地资源配置的实际状况也存在差异。但目前我国仍缺乏有效的科普资源配置情况的评价标准体系，导致难以通过量化的综合评价指标，真实客观地反映各地科普资源配置状况，也难以针对各地资源配置的现实短板做出相应的调整措施，这就使科普资源区域配置失衡的问题始终存在。

2. 科普资源配置与利用效率不高

一般而言，科普资源配置效率的高低在很大程度上取决于科普资源信息的共享程度，即是否处在信息完全对称的状态下。但就目前而言，我国科普资源仍处于传统条块分割、各自为政的状态，区域间科普资源信息共享机制缺失，科普资源供需双方之间信息不对称，仍是遵循传统的资源配置模式，即供给方单向度地配置科普资源，其仅凭自身所掌握的有限信息单方面来决定"提供什么科普资源""提供多少科普资源"等配置活动。这就导致各区域、各行业的科普资源出现同质化、内容分散、闲置浪费等问题，科普资源难以有效整合，科普资源配置和利用效率仍处于较低水平，科普资源的供给未能有效匹配公众的科普需求，难以最大限度地激发公众对科学的兴趣和热情。

3. 缺乏落地可执行的政策细则

当前国家高度重视科普工作，在《科普基础设施发展规划（2008—2010—2015年）》《中国科协科普资源共建共享工作方案（2008—2010年）》《全民科学素质行动规划纲要（2021—2035年）》等一系列文件中均对科普资源的配置与利用作出了相关规定。但是，现有政策对原则性的宏观规划着墨较多，尚存诸多有待细化落地的部分。

特别是当前我国已经进入数字经济时代，新情况、新问题、新变化随之而来，科普资源配置与利用模式也应与时俱进，重塑起与当下这一特定时代环境特征相适应的科普资源配置与利用模式。但相关管理部门尚未在这一方面制定具体的政策和规定，导致科普资源配置与利用模式都出现了相对滞后的情况，从而影响科普的效果和公民科学素质的提升。

三、科普资源配置与利用的优化策略

科普资源的配置与利用应与本国社会经济和科技发展的不同层次需求相适应。合理配置与利用科普资源，使有限的科普资源发挥最大的效用，是解决科普资源供需矛盾、推动科普生态良性发展、提升国家科普能力的重要手段之一。本部分将结合上文对科普资源配置与利用现存问题的梳理，提出相应的优化策略。

（一）进一步深化科普资源共建共享机制

按照《科普基础设施发展规划（2008—2010—2015 年）》中提出的"树立社会化'大科普'意识，探索建立科普基础设施资源共享模式和机制，搭建科普基础设施服务平台，营造全社会科普资源开放共享的环境，推进科普资源的高效利用"、《中国科协科普资源共建共享工作方案（2008—2010 年）》中提出的"积极动员科协系统和社会各界力量共同参与科普资源的开发、集成和服务工作，逐步搭建起科普资源共建共享平台"和《全民科学素质行动规划纲要（2021—2035 年）》中提出的"建立完善跨区域科普合作和共享机制"等相关要求，构建科普资源共建共享机制，有助于科普生态的良性发展，有助于国家整体科普能力的持续提升，有助于科技创新和科学普及的协同发展。在当前数字经济时代下，我国应通过进一步深化科普资源共建共享机制，以更好地适应新经济环境下人民群众对科普的新需求和新变化，引导科普资源的优化配置和合理利用。具体如下。

一方面，我国应进一步推进数字信息共享平台建设，促进科普与云计算、人工智能、区块链等新兴数字技术深度融合。打造数字信息共享平台的核心作用是为科普资源的供给方与需求方提供及时沟通和充分交流的平台，它能够突破地理空间及时空的限制，为供需双方之间科普资源和供需信息的交换提供"去中心化"的平等互动空间，从而加强科普供需双方之间的信息共享程度和信息对称程度，在助力消弭区域壁垒和条块分割的基础上，提升科普资源配置效率和供需匹配程度，驱动优质科普资源的公平共享。

另一方面，在打造高效透明的数字信息共享平台基础上，还应设置灵活多元的激励机制。一是政府可通过制定相关优惠税收政策，通过政策杠杆来实现优质科普资源向革命老区、民族地区、边疆地区、脱贫地区倾斜；二是政府可通过设立资助基金、奖励性补贴等方式，鼓励并引导科普精英人才资源向经济欠发达地

区流动，强化发达地区的溢出效应，补齐经济欠发达地区科普人才结构的短板。

（二）建立科普资源配置状况评价标准体系

科普资源的优化配置需要建立起科普资源配置状况评价标准体系，通过设置量化的综合评价指标，其中包括科普资源规模、科普人力资源规模、科普产品资源规模、科普场地资源规模等指标，以此客观、及时地反映各地科普资源配置的真实情况，为各科普资源供给方把控资源供给和资源分配提供客观可衡量的评价标准，为相关管理部门对科普资源配置相关政策的再调整提供决策参考，从而使得科普资源配置更加科学合理，避免科普资源的滥用和浪费。

（三）在现有政策的基础上制定落地可执行的细则

在我国科普事业蓬勃发展的同时，新情况、新问题、新需求也随之而来。因此，国家可以完善现有政策，出台更多落地可操作性、可适用性的具体实施办法、实施细则等。尤其是针对科普资源配置实践中的具体问题，在现有政策基础上，再补充完善相关实施细则、实施步骤和相关要求等细化内容，从而推动科普资源的高效共享和均衡配置，全方位保障科普资源配置作用的充分发挥。譬如，在现有政策文件中，对"建立完善跨区域科普合作和共享机制"的规定较为笼统，缺乏明确的执行目标和具体执行措施，可在今后不断完善相应的政策法规，通过明确的实施步骤、刚性细则和具体要求进一步指导科普资源的优化配置。

第四节 科普资源的知识产权与规范

知识产权是科普资源整合与管理中的一项重要内容。我国现行知识产权法中对"知识产权"的定义为："人们对于自己的智力活动创造的成果和经营管理活动中的标记、信誉依法享有的权利。"根据上述定义，涉及知识产权的科普资源主要有科普文本资源、科普图像和影音资源、科普展品资源，本书将主要围绕上述科普资源的知识产权情况展开具体介绍。

一、科普资源的知识产权概述

（一）科普资源知识产权的保护客体范围

国内外对知识产权的保护客体范围界定尚不统一，譬如《建立世界知识产权组织公约》中将知识产权的保护客体范围界定为：①文学艺术和科学作品；②表演艺术家的演出、录音制品和广播节目；③在人类一切活动领域内的发明；④科学发现；⑤工业品外观设计；⑥商标、服务标记、商号名称和标记；⑦禁止不正当竞争；⑧在工业、科学、文学或艺术领域内其他一切来自知识活动的权利。而世界贸易组织（World Trade Organization，WTO）的《与贸易有关的知识产权协定》（Agreement on Trade-Related Aspects of Intellectual Property Rights，TRIPS）则规定：知识产权主要包括商标权、地理标识权、工业品外观设计权、专利权、集成电路布图设计权和未披露过的信息专有权。

在国内，我国在1986年通过的《中华人民共和国民法通则》中第一次开始使用"知识产权"的概念，并明文规定了知识产权的保护客体范围：①著作权；②邻接权；③专利权；④发明权和其他科技成果权；⑤商标专用权。这一规定在《中华人民共和国民法通则》被废止后在《中华人民共和国民法典》中作出调整如下：①作品；②发明、实用新型、外观设计；③商标；④地理标志；⑤商业秘密；⑥集成电路布图设计；⑦植物新品种；⑧法律规定的其他客体。我国科普资源知识产权的保护客体范围则严格遵循上述我国相关法律的规定。

（二）科普资源知识产权的主要特征

科普资源的知识产权主要具有非物质性、专有性和时间性。

1. 科普资源知识产权的非物质性

非物质性是指科普资源的知识产权本身不占据任何有形的物理空间，这一特征使其容易脱离知识产权所有者的控制，也使知识产权所有者在将其知识资产使用权转让后，仍可以使用这项智力成果获取收益。

2. 科普资源知识产权的专有性

专有性是指著作者、发明者或成果拥有者等权利主体对自己的智力成果依法享有专有权利，有权将其权利客体作为交易标的进行转让、买卖，在受到不法侵害时有权请求司法救助，获取侵权损害赔偿。

3. 科普资源知识产权的时间性

时间性是指科普资源的知识产权是在一个法定的期限内受到保护，一旦超过这个期限，其独占的权利即被终止，这时权利人的智力成果便成为人们可以共享的公共成果。

二、与科普资源知识产权相关的法律法规

（一）著作权的法律保护

《中华人民共和国著作权法》为著作权的规范提供了根本遵循和法律保障。《中华人民共和国著作权法》第一章第一条规定，为保护文学、艺术和科学作品作者的著作权，以及与著作权有关的权益，鼓励有益于社会主义精神文明、物质文明建设的作品的创作和传播，促进社会主义文化和科学事业的发展与繁荣，根据宪法制定本法。

也就是说，《中华人民共和国著作权法》制定的目的在于保护包括各类作者的智力劳动成果。何为作者？按照《中华人民共和国著作权法》规定："创作作品的自然人是作者。"在特定情况下，某些单位也可被视为作者，比如《中华人民共和国著作权法》中规定："由法人或者非法人组织主持，代表法人或者非法人组织意志创作，并由法人或者非法人组织承担责任的作品，法人或者非法人组织视为作者。"

具体到科普领域，《中华人民共和国著作权法》能够保障科普作者获得相应的收益、名誉和尊严，鼓励科普文字作品、科普美术作品、科普摄影作品、科普视听作品等各类科普资源的产出和传播，进而促进科普事业的发展与进步。

（二）专利权的法律保护

《中华人民共和国专利法》为专利权的规范提供了根本遵循和法律保障。从《中华人民共和国专利法》第一章第一条的规定可以看出，该法制定的目的是保护专利权人的合法权益，鼓励发明创造，推动发明创造的应用，提高创新能力，促进科学技术进步和经济社会发展。何为发明创造？按照《中华人民共和国专利法》规定，发明创造是指发明、实用新型和外观设计。

具体到科普领域，《中华人民共和国专利法》能够鼓励发明人发明创造科普领域相关的发明、实用新型和外观设计，促进科普领域的技术开发与应用，推动科普事业的进步与发展。

（三）商标权的法律保护

《中华人民共和国商标法》为商标权的规范提供了根本遵循和法律保障。根据《中华人民共和国商标法》第一章第一条规定，制定该法的目的是加强商标管理，保护商标专用权，促使生产、经营者保证商品和服务质量，维护商标信誉，以保障消费者和生产者、经营者的利益，促进社会主义市场经济的发展。

具体到科普领域，《中华人民共和国商标法》能够有效保护科普产品品牌商标的专用权，维护相关科普产品品牌的商标信誉，进而保障科普产品的品牌经营者、生产者和消费者三方的合法权益。

三、科普资源知识产权的规范

（一）规范科普资源知识产权的意义

知识产权制度是保护科学技术和文化艺术成果的重要法律制度。知识产权制度的建立与规范，是科技成果商品化、产业化、国际化的必然结果。科普文本资源、科普图像和影音资源、科普展品资源等科普资源的本质是科普领域的智力成果，规范的知识产权对保护这类无形智力成果具有至关重要的意义。

一方面，规范科普资源知识产权有助于提升科普创作主体的创新意识，激励更多优质科普资源的产出。知识产权制度能够通过给予著作权人以著作权、给予技术发明者以专利权等方式，使其获得一种排他性独占权，任何人、任何机构未经知识产权人许可不得擅自使用其智力成果，否则需要承担相应的法律责任。由此能够从法律层面强有力地保护科普创作主体的智力成果，保障其作为知识产权人在某一科普资源上形成市场独占，不仅能使其基于这种保护在法定期限内收回前期创作生产的投入，获得相应的知名度，还能够通过科普产品销售、技术许可使用或转让等方式获得更高的收益回报，为后续的创作生产活动积累资金储备，实现良性循环，从而提高科普创作主体创新创作的积极性和持续性。

另一方面，规范科普资源知识产权能够促进科普资源的优化配置和有序流动。知识产权制度能够有效保护科普文本资源、科普图像和影音资源等科普资源免于被盗版和假冒署名的风险，是一种全体社会成员必须共同遵守的法律制度。同时规范知识产权能够在规定知识产权人对其创作的科普文本、科普图像和影音等科普资源享有独占权的同时，还明确给予了知识产权人实施或许可他人使用其知识产权的义务。基于此，科普资源能够得以优化配置和有序流动。

正是基于对科普资源知识产权的规范，为科普资源的持续创新产出和合理优化配置提供了好的法律保护环境，进而促进科普事业可持续发展的良性循环。

（二）规范科普资源知识产权的基本内容

涉及知识产权的科普资源主要有科普文本资源、科普图像和影音资源、科普展品资源，这些科普资源须规范的知识产权主要包括著作权、专利权、商标权，下面将具体针对以上知识产权的规范方法进行介绍。

1. 著作权的规范

1）科普作品著作权的主体和客体

科普文字作品、科普美术作品、科普摄影作品、科普视听作品的作者是其科普作品的著作权主体，按照法律规定，是享有科普作品著作权的人，享有发表权、署名权、修改权、保护作品完整权、复制权、发行权、出租权、展览权、表演权、放映权、网络信息传播权、改编权、翻译权、汇编权等人身权和财产权。一般而言，著作权的原始主体是作者，但他人能够通过受让、集成、受赠等方式取得全部或一部分著作权，被称为继受主体。

著作权的客体是作品，按照《中华人民共和国著作权法》规定，作品是指文学、艺术和科学领域内具有独创性并能以一定形式表现的智力成果。《中华人民共和国著作权法》中涵盖的作品主要包括以下几类：文字作品；口述作品；音乐、戏剧、曲艺、舞蹈、杂技艺术作品；美术、建筑作品；摄影作品；视听作品；工程设计图、产品设计图、地图、示意图等图形作品和模型作品；计算机软件；符合作品特征的其他智力成果。具体到科普领域，主要是指科普文字作品、科普美术作品、科普摄影作品、科普视听作品、科普数字化作品等。

2）科普作品著作权的内容

通常著作权共包含 17 项权利，分别为 4 项人身权和 13 项属于财产权。具体到科普领域，科普作品的著作权也涉及相应的一部分权利，通常情况下，没有任何一件科普作品能够同时包括全部 17 项权利。也就是说，科普作品不同，其所涵盖的著作权具体内容也不同。

科普作品著作权中的人身权是指科普作品的权利主体对科普作品享有的以精神利益为内容的权利，主要包括：①发表权，是指作者决定其科普作品是否公之于众的权利；②署名权，是指表明作者身份，在科普作品上署名的权利；③修改权，是指修改或者授权他人修改科普作品的权利；④保护作品完整权，即保护科普作品不受歪曲、篡改的权利。

科普作品著作权中的财产权是指能够为科普作品的权利主体带来经济利益的权利，主要包括：①复制权，是指以印刷、复印、拓印、录音、录像、翻录、翻拍、数字化等方式将科普作品制作一份或者多份的权利；②发行权，是指以出售或者赠予方式向公众提供科普作品的原件或者复制件的权利；③出租权，是指有偿许可他人临时使用科普视听作品的原件或者复制件的权利；④展览权，是指公开陈列科普美术作品、科普摄影作品的原件或者复制件的权利；⑤表演权，是指公开表演科普类作品，以及用各种手段公开播送科普类作品的表演的权利；⑥放映权，是指通过放映机、幻灯机等技术设备公开再现科普美术作品、科普摄影作品、科普视听作品等的权利；⑦广播权，是指以有线或者无线方式公开传播或者转播科普作品，以及通过扩音器或者其他传送符号、声音、图像的类似工具向公众传播广播的科普作品的权利；⑧信息网络传播权，是指以有线或者无线方式向公众提供，使公众可以在其选定的时间和地点获得科普作品的权利；⑨摄制权，是指以摄制科普视听作品的方法将科普作品固定在载体上的权利；⑩改编权，是指改编科普作品，创作出具有独创性的新作品的权利；⑪翻译权，是指将科普作品从一种语言文字转换成另一种语言文字的权利；⑫汇编权，是指将科普作品或者科普作品的片段通过选择或者编排，汇集成新作品的权利；⑬应当由著作权人享有的其他权利。

2. 专利权的规范

1）科普领域专利保护的主体和客体

与其他领域相同，在科普领域，有权提出专利申请和获得专利权的人是专利保护的主体，具体包括：发明人或者设计人；职务发明创造的单位（法人）；协作或委托完成发明创造的单位；外国人、外国企业或者外国其他组织；先申请人；专利权的主体随着专利权的转移而发生变化。

专利保护的客体是指发明、实用新型和外观设计，在《中华人民共和国专利法》中这三者统称为发明创造。其中，发明是指对产品、方法或者其改进所提出的新的技术方案；实用新型是指对产品的形状、构造或者其结合所提出的适于实用的新的技术方案；外观设计是指对产品的形状、图案或者其结合以及色彩与形状、图案的结合所做出的富有美感并适于工业应用的新设计。

2）授予专利的条件

专利必须经过国务院专利行政部门审查合格批准予以授权。如果想要取得专利权，专利申请者须满足以下三个条件：①新颖性，指该发明或者实用新型不属于现有技术，也没有任何单位或者个人就同样的发明或者实用新型在申请日以前向国务院专利行政部门提出过申请，并记载在申请日以后公布的专利申请文件或者公告的专利文件中；②创造性，指与现有技术相比，该发明具有突出的实质性特点和显著的进步，该实用新型具有实质性特点和进步；③实用性，指该发明或者实用新型能够制造或者使用，并且能够产生积极效果。

3）专利权的期限

发明专利权的期限为二十年，实用新型专利权和外观设计专利权的期限为十年，均自申请日起计算。

4）专利权的保护

发明或者实用新型专利权的保护范围以其权利要求的内容为准，说明书及附图可以用于解释权利要求的内容。外观设计专利权的保护范围以表示在图片或者照片中的该产品的外观设计为准，简要说明可以用于解释图片或者照片所表示的该产品的外观设计。侵犯专利权的诉讼时效为三年，自专利权人或者利害关系人得知或者应当得知侵权行为之日起计算。

3. 商标权的规范

1）科普领域商标权的主体和客体

商标权的主体是指依法享有商标所有权的人，商标注册申请人须是依法成立的企业、事业单位、社会团体、个人合伙、个体工商户以法律规定的外国人或者外国企业。

商标权的客体是商标，即商标权所指向的具体对象。何为商标？按照《中华人民共和国商标法》规定，任何能够将自然人、法人或者其他组织的商品与他人的商品区别开的标志，包括文字、图形、字母、数字、三维标志、颜色组合和声音等，以及上述要素的组合，均可以作为商标申请注册。

2）商标权的获取

商标权的获取，分为原始取得和继受取得。

原始取得又被称为直接取得，须遵循以下三个原则：①基于使用原则取得，即基于商标的实际使用取得商标权；②基于注册原则取得，即商标权取得须经过注册；③基于混合原则取得，这是基于前两种原则的折中使用，两种途径均可获得商标权。

继受取得又被称为传来取得，是指商标并非商标权人直接取得，而是基于他人已存在之权利而产生的。继受取得通常有两种方式：①转让，即根据转让合同，受让人有偿或无偿取得出让人之商标权；②转移，即商标权因转让以外的其他事由发生的转移。

理解·反思·探究

1. 获取科普资源的渠道有哪些？有哪些获取原则和特征？

2. 人工智能迅猛发展，我们该如何利用好它获取科普资源？

3. 应如何管理与储存科普资源？

4. 科普资源应如何实现有效的资源配置与利用？

5. 涉及科普资源知识产权的法律法规有哪些？应如何规范科普资源的知识产权？

本章参考文献

敖妮花，龙华东，迟妍玮，等. 2022. 科研机构推动科技资源科普化的思考——以中国科学院"高端科研资源科普化"计划为例. 科普研究，17（3）：100-104.

党伟龙. 2011. 论如何提高科普的趣味性. 科普研究，6（6）：81-85.

董保宝，葛宝山，王侃. 2011. 资源整合过程、动态能力与竞争优势：机理与路径. 管理世界，（3）：92-101.

国家统计局. 2021. 第七次全国人口普查公报（第三号）. https://www.stats.gov.cn/sj/tjgb/rkpcgb/qgrkpcgb/202302/t20230206_1902003.html[2025-02-12].

科技部，中央宣传部，中国科协. 2022. 科技部 中央宣传部 中国科协关于印发《"十四五"国家科学技术普及发展规划》的通知. https://www.most.gov.cn/xxgk/xinxifenlei/fdzdgknr/fgzc/gfxwj/gfxwj2022/202208/t20220816_181896.html[2025-02-12].

宋军彦，李丹. 2018. 媒体融合视域下科普知识有效传播模式探析——以"果壳网"为例. 新闻研究导刊，9（20）：8-10，128.

夏征农，陈至立. 2011. 大辞海·管理学卷. 上海：上海辞书出版社.

弋亚群，牛方妍，张雪丹. 2023. 资源整合与新产品开发绩效——管理者威胁解释和环境动态性的调节作用. 研究与发展管理，35（6）：125-137.

赵立新，陈玲. 2016. 科普蓝皮书：中国基层科普发展报告（2015—2016）. 北京：社会科学文献出版社.

赵莉，汤书昆. 2012. 新媒体语境下科普产品语言特征及发展趋势//安徽首届科普产业博士科技论坛——暨社区科技传播体系与平台建构学术交流会论文集. 芜湖：144-148.

中国互联网络信息中心. 2023. 第52次《中国互联网络发展状况统计报告》. https://www.cnnic.cn/n4/2023/0828/c88-10829.html[2025-02-12].

中国科学院科学传播研究中心. 2021. 中国科学传播报告（2021）. 北京：科学出版社.

中华人民共和国科学技术部. 2023. 中国科普统计2022. 北京：科学技术文献出版社.

第八章

科普资源传播与推广

要点提示

1. 总结提炼科普资源推广的高质量要求：一是科普内容优质：科学性＋趣味性；二是传播效果显著：对象化＋互动化；三是管理体系高效：科普平台架构、监督与运营。

2. 聚焦探讨科普资源传播与推广的媒介平台，从三个视角探讨：以个人为端口：网络意见领袖；以组织为渠道：专业性多元组织；以平台为基础：社交媒体平台哺育科普生态。

3. 介绍总结科普资源的推广策略与效果评估的一般规律，以方便读者进一步学习具体的评估指标与推广策略实务。

学习目标

1. 了解科普资源传播与推广的高质量要求。

2. 掌握科普资源传播与推广的媒介平台分类。

3. 应用科普资源的推广策略与效果评估方法。

科普资源的传播与推广是科普工作中至关重要的一环，是提升公众科学素质、培养科学思维的重要途径。科普平台的高质量建设、社交媒体的应用及有效的推广策略与效果评估，有助于更好地推动科学知识的普及和传播，为建设科学的社会作出贡献。

随着科技的发展和互联网的普及，科普资源的传播方式不断地发生变化。社交媒体在科普资源传播与推广中发挥着越来越重要的作用。个人作为科普知识的生产者和传播者，通过社交媒体平台将自己的科学见解和知识分享给更多的人。组织则通过有组织化的科普方式，利用社交媒体将科学知识系统地传递给受众。社交媒体平台为科普生态提供了丰富的资源和广泛的传播渠道，促进了科学知识的普及和科学思想的传播。

为了更好地推动科普资源的传播与推广，需要制定有效的推广策略并进行效果评估。通过深入了解受众需求和市场环境，制定针对性的推广策略，提高科普资源的知名度和影响力。同时，对推广效果进行实时监测和评估，不断调整和优化推广策略，确保科普资源传播与推广的持续发展。

本章将阐明科普资源传播与推广的策略及其效果评估的重要性，并探讨如何通过科普平台的高质量建设、社交媒体的有效利用及科学的推广策略，实现科普资源的广泛传播和深远影响。

第一节　科普资源推广的高质量要求

一、科普内容优质：科学性+趣味性

科普能否实现高质量发展，关键在于能否向公众提供高质量的科普作品（张明伟，2023）。科普平台是科学技术知识传播与交流的空间，更是科普资源的汇聚地。科普平台中优质的科普内容不仅能推动科学的普及、提升公众的科学素质，还能促进科学精神与科学思想的弘扬，从而充分发挥科普平台的作用，提升科普平台的质量。

评判科普作品质量的高低，首先要看科学性，科学性存在问题的信息要通过科学家审稿、管理部门追责等途径加以杜绝。高质量的科普平台应当传播科学、专业、严谨的内容。《"十四五"国家科学技术普及发展规划》中指出，"依托权威专家队伍，探索建立科普信息科学性审查机制。整治网络传播中以科普名义欺骗群众、扰乱社会、影响稳定的行为，批驳伪科学和谣言信息，净化网络科普生态。坚决破除封建迷信思想，抵制伪科学、反科学，打击假借科普名义进行的抹黑诋毁和思想侵蚀活动"。

汇聚专业科普内容生产人才、打造严谨的科普内容审核队伍是高质量科普平台建设的重要目标，也是提升科普内容科学性的关键。随着科普事业的不断发展，越来越多的科学从业者通过出版科普图书、举办科普讲座、发布社交媒体内容、参与科普影音制作等多种方式加入科普活动。

以抖音、B 站等社交媒体平台为例，B 站以方便快捷、受众广泛、即时反馈等优势吸引了中国科学院物理研究所、《中国国家地理》杂志、深圳市疾病预防控制中心（"正经科普"为其科普账号）等专业科普机构，以及汪品先院士、郑纬民院士、欧阳自远院士等科学技术领域的杰出专业人才入驻并进行科普内容生产。以院士为代表的科学家参与科学传播，能够保证传播内容权威、信源专业，促进科学知识向公众广泛传播（柏坤和贾宝余，2023）。另外，"派克曾""无穷小亮""毕导 THU"等青年科普自媒体博主作为在医学、生物学等相关领域的专业人员加入社交媒体平台的科普内容生产中，在确保科普内容科学严谨的同时，为科普平台的建设注入了新的活力。

科普不等同于科研，趣味性是其重要指标之一。与晦涩难懂、枯燥乏味的科普内容相比，丰富有趣、妙趣横生的科普内容更有助于促进受众感受科学的魅力，突破科普严肃生硬的刻板印象，降低公众了解科学的门槛，从而使其对知识产生兴趣、留下深刻的记忆。例如，短视频平台中生动的内容让用户在获取并传播科学技术知识的同时，能够满足自身的娱乐与社交等情感需求，积累了大量富有黏性的受众。因此，趣味性与可读性同样是对优质科普内容的重要要求，只有这样才能达到科普的目的——提升公众的科学素质、培育公众的科学精神。

以安徽省科学技术馆（新馆）为例，作为科学技术传播的公共服务平台，该场馆融入了数字孪生、大数据分析、人机交互等先进技术，实现了展品互动、视听特效、实时反馈、智慧管理等多种功能（人民网，2023）。馆内有全国首个以科学史为主题的展厅，并有科学秀场、巨幕影院等剧场与电影等科普文艺作品展播空间，从外观设计到内在布局均具备新奇有趣的特点，吸引了大量受众前来观赏。

总之，科普内容必须具备科学性和趣味性，以确保所传递知识的准确性和吸引力。科普内容还应通俗易懂，避免过于专业化或晦涩难懂，让不同层次的受众都能理解和接受。科普平台应注重传播效果的理想化，根据受众的特点和需求进行精准传播，提高科普资源的覆盖面和影响力。

二、传播效果显著：对象化+互动化

《关于新时代进一步加强科学技术普及工作的意见》中指出，科普工作是"实现创新发展的重要基础性工作"，并提出"到2035年，公民具备科学素质比例达到25%，科普服务高质量发展能效显著，科学文化软实力显著增强，为世界科技强国建设提供有力支撑"这一目标。高质量的科普平台应当能够实现科学技术知识的有效传播，在科技的进一步发展过程中发挥积极作用。

在传播活动逐步从大众化迈向分众化、个性化的时代，科学传播的理想效果同样建立在对象化、精准化的基础之上。充分考虑不同分众受众的文化程度、接受渠道等特点进行定制化的科普内容生产与传播，能够满足不同群体多样化的需求，聚焦有效传播人群，从而提升科普工作的效率与科学技术知识的到达率，增进科学与社会的联系，推动科学发展的成果惠及大众。

以知乎平台为例，针对不同的受众群体，知乎平台生产不同风格的科普内容。作为以问答为核心的互联网社区，其以受过良好教育、经济水平较好的青年学生与白领群体为主要目标用户，传播深度化、专业化的科普图文、视频等内容。例如，2021年10月，知乎联合少年儿童出版社发布《知乎版十万个为什么》（全十册）科普绘本，从主人公小看山及其朋友的视角出发，对科学进行深入浅出、平实有趣的讲解，将知识融入日常生活，满足了儿童对科学的好奇心，提升了儿童对科学的接受度。

高质量的科普平台应当充分考虑自身特质以选择分众受众，从而获得理想的传播效果。在当下的数字化社会，老年人作为"数字难民"群体的主要组成部分，在"数字鸿沟"面前与青年人相比通过线上渠道获取科学信息更加困难。例如，2023 年 5 月，吉林省营养学会在长春市朝阳区新时代文明实践中心举办全民营养周宣传活动，选择线下科普平台以宣讲与教育的方式加强对老年人的健康与营养指导，满足了该群体的健康知识诉求，提升了该群体的健康素养（新华社，2023a）。

科学传播"对话模型"强调传播双方的参与。得益于移动互联网等信息获取渠道的发展，在目前的科普实践中，科普工作不再以科学家端为中心，科学家要注重与公众的双向互动与对话，想公众所想、解公众所需，要始终满足人民对科普内容的需要和对美好生活的向往（黄少胥等，2023）。

随着信息技术的发展，网络化的科普形式呈现出强大的生命力（石硕，2018），短视频平台等互联网传播媒介受到越来越广泛的欢迎，互动化正是其突出优势之一。用户通过网络社交媒体能够突破现实时空的壁垒进行即时的内容分享、态度表达、意见发表、答疑解惑等互动，实现方便快捷的信息获取与交流。

科普研学、旅游、综合或单一学科的科技馆，开放实验设备让公众参与等都有可能是未来重要的科普形式（马爱平，2021），线下科技场馆等传统科普平台同样可以通过增强自身的互动化程度来加强平台建设质量。例如，利用虚拟现实、人工智能等技术实现线上线下相结合的科普效果，提升用户体验，采取实地调研、讨论交流等方式了解受众需求，弥补即时互动不足的弊端。

以"中关村硬科普平台"为例，其包含科学家硬科普演讲、硬科普短视频、硬科普博物馆、硬科普实验室、"科立方"等多个模块，综合了多种媒介形式。其中硬科普博物馆融合了展览展示、沉浸体验、活动、市集等功能，硬科普实验室则开放给公众进行参观、体验、研学，让公众近距离接触真实的科研实验过程，从而增强了线下科普的互动性（新华社，2023b）。

三、管理体系高效：科普平台架构、监督与运营

科普平台是连接科普资源与受众的桥梁，也是科普活动开展的主阵地，高效的管理体系是其实现有效传播优质科普内容的有力保障。高质量的科普平台应具

备完善的组织架构，承担起监督科普活动、审查科普传播内容的职责，通过合理运营等方式提升科学技术知识传播的效果。

科普平台应当坚持"受众中心"的发展导向，构建方便用户体验、满足用户需求的传播模式。以果壳网为例，作为我国重要的科普网站，其在产品功能设计、分区设置等多个方面均具有独到的优势。该网站内容更新频率快，实现了每日更新，并区分"生活""学习""自然"等10个栏目，具有"点赞""评论""转发"等交互功能，且开发了手机客户端与种类丰富的微信公众号，使受众能够有效获取科学知识（宋军彦和李丹，2018）。该平台的成功充分证明了科普平台的组织架构对用户体验与传播效果的重要性。

随着经济社会的迅速发展，公众的媒介素养与科学素质不断提升，但作为非专业人员，普通受众在面对不当内容时仍有受其误导的风险。科普内容的科学性与严谨性尤为关键，对传播活动与内容进行严格的监督和审查是科普平台的应尽之责，从信息传播的主体到科普内容与形式都应当被纳入审核的范围内，对其进行规范明确的管理。同时，科普平台应当建立及时完善的反馈处理机制，鼓励用户积极举报平台中的虚假、错误信息与恶劣行为。

运营工作在科普平台内容传播、受众吸引等方面发挥着重要作用，高质量的科普平台离不开基于受众思维的运营理念。以科普期刊的短视频平台运营为例，评论互动与科普期刊抖音短视频传播效果呈显著正相关（陈维超和周杨羚，2023）。例如，《中国国家地理》杂志在抖音平台采取垂直化的运营策略，开通了"中国国家地理"主账号和"中国国家地理景观""中国国家地理探索"等多个子账号，获得了大量的受众与理想的传播效果。高质量的科普平台应当为传播主体的运营工作提供支持，从而促进科学技术知识的传播。

在科普工作中，人才的作用至关重要。高质量的科普人才队伍是推动科普事业不断向前发展的关键力量。加强科普工作，需要一支专兼结合、素质优良、覆盖广泛的科普工作队伍（喻思南，2023）。科普人才不仅包括在相关领域具有深厚科研背景的科研人员，也包括那些全职从事科普事业的工作人员。这种专兼结合的人才结构有助于形成多元化的科普视角和方法，满足不同受众的需求。科研人员可以提供科学严谨的内容，全职科普工作者则可以更专注于内容的传播以及与受众的互动。加强科普工作，对科普人才素质提出了更高要求。优秀的科普人才应具备扎实的科学知识、良好的沟通能力和创新的思维方式。他们需要能够将复杂的科学概念转化为通俗易懂的语言，使之易于被公众理解和接受。同时，他们还应具备敏锐的市场洞察力，能够根据受众的需求和兴趣，调整科普内容和传播策略。加强科普工作，需要高度重视科普人才的培养与引进。

面对当前高质量科普人才的缺口，科普平台需要加强人力资源管理，制定科学的人才引进和培养计划。这包括与高校、科研机构等合作，开展科普人才的培训项目，提升现有人员的科普能力；同时，通过招聘和引进具有丰富科普经验的人才，充实科普队伍。为了确保科普人才队伍的质量和活力，科普平台应建立科学的评价体系。这不仅包括对科普人才的知识和技能的评估，还应涵盖对他们的工作表现、创新能力和社会影响力的评估。通过定期评估和反馈，激励科普人才不断提升自身能力，为科普事业作出更大贡献。

科普人才的职业发展需要长期的支持和规划。科普平台应为科普人才提供职业发展路径，包括晋升机会、专业培训和学术交流等。通过建立激励机制，如奖金、荣誉表彰等，增强科普人才的职业归属感和成就感，促进他们长期投身于科普事业。科普工作的社会认可度也是影响科普人才队伍建设的重要因素。科普平台应加强与社会各界的沟通和合作，提升科普工作的社会影响力和认可度。通过举办科普活动、发布科普成果等方式，展示科普人才的工作成果和贡献，增强公众对科普工作和科普人才的理解与尊重。

在全球化背景下，科普人才还应具备国际视野。科普平台应鼓励和支持科普人才参与国际学术交流和合作，学习借鉴国际上先进的科普理念和方法，提升自身的国际竞争力。这不仅有助于提升科普人才的专业水平，而且有助于推动我国科普事业的国际化发展。

第二节　科普资源传播与推广的媒介平台

截至 2023 年 5 月，中国移动互联网月活用户已达 12.13 亿，同比增长 2.2%，月人均使用 APP 27.3 个。抖音、微博、快手、B 站、小红书五大社交媒体平台月活用户规模分别达到了 7.16 亿、4.99 亿、4.8 亿、2.12 亿、1.92 亿，月人均使用时长分别为 36.6 小时、10.9 小时、23.3 小时、16.9 小时、16.4 小时（Quest Mobile，2023）。移动互联网时代，越来越多的人将注意力转移到了手机、电脑等各类移动终端，社交媒体成为新的舆论场，在科普资源传播中的作用也日益凸显。

一、以个人为端口：网络意见领袖

随着社交媒体平台的不断成熟与智能设备的普及，每个用户都能跨越时间、地点接触、收集和传播信息，以个体为基本单位的传播形式被激活（杨慧民和陈锦萍，2022）。而在这之中，拥有大量粉丝基础的网络意见领袖的影响尤其突出，他们凭借着巨大的粉丝基础在信息传播中属于重要节点，在科普中也扮演着重要角色。

科学普及作为一个专业性强的知识传播活动，在科普中获得大量声望的意见领袖往往是拥有专业知识的个体，如科学家、教师、科技行业从业者、科技爱好者等。他们将专业知识在社交媒体上传播，用有趣通俗的话语解答抽象的科学问题，生产内容往往与生活息息相关，从而促进科普内容的快速传播，积累大量关注者。这有助于科普资源更快地覆盖更广泛的受众，纠正错误的科学观念，提升公众的科学兴趣，促进公民科学素质的提升。

比如，同济大学物理学教授吴於人退休后在 B 站开通账号，用生活中的各种道具做有趣的科学实验。科学性是科普的第一要义，吴於人会花费大量时间查资料、做实验、寻找权威信源。趣味性是科普内容可以在社交媒体上获得关注和传播的重中之重，她始终秉持着将"复杂问题简单化、科学知识趣味化"的原则，让内容做到既有趣又严谨。互动性也是社交媒体时代科普效果的重要保障，吴於人的团队搭建了拥有上万条选题的选题库，积极与网友互动。良性运营让该账号获得 2022 年"百大 UP 主称号"，吴於人教授还作为"银发知播"群体代表登上了"感动中国 2022 年度人物"颁奖盛典，成为老年科学家群体传播知识与文化的榜样。

此类在社交媒体上活跃的科普内容生产者还有很多，比如中国科学技术协会自 2015 年起牵头举办"典赞·科普中国"，以及 B 站联合中国科学院计算机网络信息中心共同设立了"格致科学传播奖"等，对于在社交媒体平台上进行科学传播的内容生产者进行评选和奖励，汇聚了社交媒体上科普领域的优质内容生产者，激励其在科普方面的贡献。

二、以组织为渠道：专业性多元组织

科普是一种有组织的活动，在这种活动中，科学知识的拥有者充当科学传播的主体，通过有组织、有策划的传播行为向特定群体传播科学知识（Besley et al.，2019）。科普不仅是个体与个体、个体与群体之间进行知识传播的过程，同时也存在组织作为传播者的科普模式。科普和普通的信息传播行为不同，科学知识具有一定的专业性门槛，需要有一定的专业知识才能达到精准的转译效果。因此，参与科学传播的组织基本上都是与科学相关的专业性多元组织，如研究机构、高校、学会、科学中心、博物馆、科技馆等（Davies et al., 2009）。这些多元组织拥有强大的专业人力资源保障、资金基础，以及在社会公众间的良好社会声誉。科学传播中最重要的便是科学家群体和公众之间的信任问题，显然，此类科学组织在科普活动中已经拥有了良好的专业性和群众性基础。

科学传播的组织方式对科学传播的内容、方法和效果有着重要影响。从全球范围来看，参与科学传播的实践并不缺乏，比如，英国皇家学会会向其会员开放科学传播与媒体使用的课程，旨在让科学家掌握通过媒体和科普写作吸引广大受众的高水平技能。美国科学促进会在同样开展科学传播的工作坊之外，还在主页上设置了社交媒体与科普的专栏，并进行优秀大众媒体与科学传播人物评选。在我国，中国科学院和中国科学技术协会是组织化科学传播的代表，除了两大组织之外，中国科学院下属的诸多研究所以及中国科学技术协会下属的地方科学技术协会、全国学会、直属单位等，都是科普的重要资源，如毛细血管般布局到全国上下，履行着科学传播的责任。

以中国科学院为例，其官方微博和官方微信都是进行科学传播的重要渠道，其微博已经累计拥有约 450 万关注者，其微信公众号的推送中也包含诸多科普内容，阅读量可观。此外，值得一提的是，组织化的科普不仅是一个组织本身，更是连带性的组织群体。除了中国科学院本身之外，其下属的研究院所也承担了大量的科普工作，并积极拥抱社交媒体时代，革新传统的科普模式。其中值得一提的便是中国科学院物理研究所，其 B 站账户拥有 200 多万关注者，生产的 1000 余条视频、300多个专栏拥有将近 1 亿的播放量，成为社交媒体科普中货真价实的"明星"。

再以中国科学技术协会为例，作为中国科学技术工作者的群众组织，其由全国学会、协会、研究会，以及地方科学技术协会与基层组织组成，这也意味着其拥有全国最广泛的科学普及资源。科普一直以来都是中国科学技术协会的重要工作，中国科学技术协会也在新的信息传播环境下自我革新传播方式，寻求突破。比如其下属的"科普中国"是国内科普信息化中绕不开的品牌项目，旨在以科普内容建设为重点，依托现有的传播渠道和平台，使科普信息化建设与传统科普深度融合。"科普中国"不仅提供科普信息资源，还积极与第三方合作，比如百度百科、B 站、新华网等，在国内知名度高、影响力大，是信息化时代科普组织化的优秀实践。在社交媒体时代下，中国科学技术协会积极联动各级科学技术协会利用社交媒体开展科普活动，并联合中国科学技术协会信息中心共同开展"一体两翼"科普信息化评价工作，采集 215 个全国学会、32 个省级科协的自有网络平台及主要第三方平台的科普信息数据，结合"科普中国"资源使用和传播情况，定期发布科协系统科普新媒体传播榜，起到了很好的组织化管理的作用。

三、以平台为基础：社交媒体平台哺育科普生态

2022 年，中共中央办公厅、国务院办公厅印发的《关于新时代进一步加强科学技术普及工作的意见》中提出要构建社会化协同、数字化传播、规范化建设、国际化合作的新时代科普生态。社交媒体平台在传播科普内容中本身具有突出特点。首先，社交媒体可以实现信息的迅速传播与广泛覆盖。借助社交媒体平台，科普信息可以短时间内迅速传播，扩大受众面，实现用户群体广泛的覆盖。其次，社交媒体的个性化推荐可以让受众看到更感兴趣的科普内容，更好地满足用户的个性化需求，培养科学兴趣，提高科普信息的传播效果。

此外，社交媒体平台也同样在哺育科普生态上扮演着重要角色。首先，社交媒体平台鼓励与支持机构、内容创作者之间的内容生产，创造良好的平台传播生态。《2023 抖音公开课学习数据报告》显示，过去一年，国内高校在抖音累计直播 1 万场，总时长超 7350 万分钟。抖音高校直播课观看超 10 亿次，共 400 位教授、45 位院士在抖音传递知识（新华网，2023）。截至 2023 年 3 月，B 站平台泛知识内容占比 41%，过去一年有 2.43 亿用户在 B 站观看了知识类内容。总的来说，科普内容成为平台维系用户的重要资源，而科普资源也在平台上得以传播至更为广泛的用户群体，实现双赢。

其次，社交媒体上的破圈现象有助于打破科普资源的壁垒，促进跨领域的交流与合作。例如，中国科学技术协会的"科创中国"品牌联合抖音创办"院士开讲"栏目。2021 年 10 月 26 日"院士开讲"栏目首次开播，以每月 2 期的频率在抖音平台上线，截至 2024 年 1 月 11 日已累计 23 期，邀请到 23 位来自不同领域的院士，栏目在抖音积累了 104.7 万粉丝，累计播放量达 2 亿次，点赞量 528.8 万次，这是社交媒体平台与科普组织合作的成功案例。

第三节　科普资源的推广策略与效果评估

一、科普资源推广策略的总结

科普是提升公众科学素质、促进社会发展的重要途径，为了更好地适应时代发展的要求，提升科普效果和影响力，培养公众的科学思维方式，科普推广必须

从理念、内容、渠道等方面进行全面的革新。

（一）理念创新：开展"滴灌式"精准科普资源推广

《全民科学素质行动规划纲要（2021—2035年）》提出青少年好奇心、农民科技文化素质、老年人信息素养等方面的务实抓手，部署针对青少年、农民、产业工人、老年人、领导干部和公务员五类人群的科学素质提升行动。落实《全民科学素质行动规划纲要（2021—2035年）》要求，革新科普推广的理念是关键，需推动科普由"大水漫灌"转向"精准滴灌"。传统的科普方式往往过于注重知识的单向传递，而忽视了公众的参与感和体验感。在新的时代背景下，科普推广应更加注重开展"滴灌式"精准科普，通过转变传统观念、精细化分类受众、精准把握需求、借助先进技术手段等措施，实现科普资源的精准投送和有效利用。

在科普资源推广理念方面，针对青少年群体，要做好"双减"背景下的科普工作，加大校外、课外科普工作力度，紧贴青少年需求策划科普活动，紧扣青少年对科学的探索欲望供给科普资源，最大限度地激发青少年的好奇心，培育具备科学家潜质、志在献身科学研究事业的青少年群体。针对农民群体，要深入开展农业科技团队下基层、文化卫生科技"三下乡"等线下活动，以及农民科学素质大赛等线上活动，提升农民科学生产、科学生活和科学经营管理能力；针对老年人群体，要以提升信息素养为重点，大力普及智能技术知识和技能，加强智能手机使用培训，增强保健信息辨别能力；针对产业工人群体，要持续开展专业技术人才知识更新活动，向他们普及先进制造业基础知识，让其储备好产业转型升级所需的科学技术和技能，为产业高质量发展提供高素质的人才支撑；针对领导干部和公务员群体，要突出科学精神、科学思想的宣传，提升其科学履职和科学决策水平。

（二）内容创新：推动科普资源高质量创新推广

随着科技的发展和社会的进步，公众对于科普内容的需求日益多样化、个性化。因此，科普内容应更加注重创意和新颖性，综合运用可视化科普、沉浸式科普、互动式科普等形式，通过生动有趣的故事情节、直观易懂的视觉元素、互动性强的科学实验等形式，将复杂的科学原理和知识以更易于理解的方式呈现给公众。同时，科普内容还应注重跨学科整合，将科学知识与艺术、文学、历史等领域相结合，以更广阔的视野满足公众的求知欲。

1. 可视化科普

可视化科普是利用图形、图像、动画等形式将科学知识进行视觉化呈现，帮助公众更好地理解科学原理、概念和现象（吴春明，2022）。可视化科普可以应用于各个领域，如生物学、物理学、地理学等，通过直观的视觉效果，让公众更好地理解科学知识。

中国科学技术大学和清华大学联合制作的"美丽化学"项目，是一次卓越的科普可视化创新。该项目涵盖了化学反应、化学结构和化学史三个主要部分，每一部分都展示了独特的视觉魅力（叶雪莹和朱文涛，2019）。在化学反应部分，团队运用先进的 4K 高清摄影技术，从宏观角度捕捉到了化学反应中的精彩色彩与微妙细节，让观众能够更为直观地感受到化学的独特魅力。化学结构部分则利用三维电脑动画和互动技术，微观地展示了近年来在《自然》和《科学》等国际顶尖期刊中发表的美丽化学结构。这种技术让观众能够深入探索化学结构的奥秘，进一步增强了他们对化学的理解与兴趣。在化学史部分，团队运用世界一流的电脑图像技术，还原了玻意耳（Boyle）等 12 位著名化学家的 15 套关键化学装置，不仅让观众能够更好地了解化学的历史脉络，同时也展示了科技与历史的完美结合。

自"美丽化学"项目上线以来，得到了包括《时代》（*Time*）在内的国内外 130 余家主流媒体的关注与报道，同时收到来自 BBC、Discovery 在内的多家科学教育媒体的邀请授权使用。2015 年，"美丽化学"在由美国国家科学基金会和美国《大众科学》杂志举办的 Vizzies 国际科学可视化竞赛中荣获视频类专家奖。这是中国参赛作品首次在该竞赛中获奖，标志着中国在科学可视化领域的实力得到了国际认可。同年，"美丽化学"还荣获菠萝科学奖的菠萝 U 奖，再次证明了其在科普领域的杰出贡献。团队还以此为基础，开启对科学类数字教材智能化创新路径的探索与探索，出版科普图书《美丽的化学反应》，并荣获 2016 年度"大众喜爱的 50 种图书"之一（周荣庭等，2017）。总之，"美丽化学"项目以独特的视觉效果和深入的内容解析，为观众带来了关于化学的全新认知。它的成功不仅彰显了中国在科普可视化领域的创新能力，而且为全球观众提供了一个了解和欣赏化学之美的平台。

2. 沉浸式科普

沉浸式科普通过情境创设，使公众身临其境地感受科学知识，增强科普的体验感和吸引力。这种形式往往能引起公众的好奇心，激发他们对科学的兴趣。通过 3DMAX、MAYA、Unity 等软件创作情景式、探究式的科普内容，再通过增强现实、虚拟现实、混合现实、体感等交互技术，将学习者的真实影像与虚拟场景融合，沉浸式科普让学习者沉浸在逼真的科普场景里进行互动，营造出身临其境的体验。

例如，位于湖北省松滋市的九号宇宙航天探索中心是我国规模最大的沉浸式航天科普馆。该馆设有航天员训练、月球、火星、深空、宇宙起源五大核心体验区，还开发了针对不同学段的航天研学课程和主题活动，以及40余项沉浸式互动展项（胡利娟，2021）。在九号宇宙航天探索中心飞控大厅，游客可以体验"天地对话"，接收真实卫星的飞行状态，查看轨道高度、卫星温度等专业数据，还可以设计并组装卫星模型；在1∶1还原的空间站核心舱"天和号"，他们能够了解舱内构造，解锁航天员的太空视角；通过场景营造与配重技术，游客可以变身航天员，走出太空飞行器，执行极具挑战性的舱外任务；火星车则通过六自由度平台，模拟行驶时的颠簸起伏，再现火星上的恶劣环境；借助全息互动影像技术，可以看到星空、黑洞等太空场景，了解引力、天体轨道演化、天体内部结构等知识。在九号宇宙航天探索中心的创意过程中，我国多位航天专家参与其中，启发了一些全新互动场景的诞生。例如，在失重环境下，航天员的方向感知能力下降，可能无法判断身体的运动方向和前进距离。穿上九号宇宙研发的"磁力鞋"，可以倒立甚至"飞檐走壁"，真切体会航天员的移动感受；在"失重水槽"里，游客可以进行水下失重训练，这是航天员舱外任务的必训项目，通过浮力配平的方法，使人在水中获得与航天失重相似的飘浮感。

3. 互动式科普

互动式科普通过科学游戏、虚拟现实/增强现实体验和科学实验等多元化手段，为公众提供了一个全新的、沉浸式的科学探索平台。它打破了传统学习的局限，让科学知识更加生动、有趣，赋予公众亲身参与的机会，增强学习的互动性和趣味性，使公众在实践中学习，提高学习效果。这种学习方式不仅有助于提升公众的科学素质，更能激发他们对科学的热爱与追求。

以《科学溯源》（Principia：Master of Science）为例，这是一款以17世纪欧洲科学革命为背景的互动式科普游戏。在那个时代，科学首次经历了巨大的飞跃，众多后世学科的开山鼻祖，如牛顿（Newton）、惠更斯（Huygens）、莱布尼茨（Leibniz）等巨匠活跃于科学界。玩家将扮演这些历史人物，沉浸在那个充满探索与发现的黄金时代。游戏的核心玩法围绕着科学研究的过程。玩家需要提出假设、设计实验进行求证、撰写论文，并学会审阅他人的研究成果。每一个步骤都模拟了真实的科研过程，让玩家体验到科学家在探索真理过程中的挑战与乐趣。在《科学溯源》中，玩家需要耗费大量的时间和资源去进行实验、收集数据，与其他科学家交流与合作，甚至展开激烈的学术竞争。这不仅考验玩家的知识储备和实验技能，还需要他们具备批判性思维和良好的沟通能力。更为重要的是，《科学溯源》强调了科研的严谨性和实践性。没有经过反复实验和理论验证，玩家无法发表高质量的论文。这种严谨的学术态度，旨在让玩家深刻理解科学研究背后的艰辛与付出。通过游戏，玩家不仅能了解到科学革命时期的历史背景和人物故事，还能培养批判性思维、实验技能和学术交流能力。这无疑是对传统教育方式的有益补充，有助于提高公众的科学素质和对科学的兴趣。

（三）渠道创新：构建横到边、纵到底、全覆盖的科普资源传播格局

构建横到边、纵到底、全覆盖的科普资源传播格局，是科普领域的一项重要策略。横到边意味着科普资源传播的渠道应该覆盖各个领域，不仅包括传统的媒体渠道（如电视、广播、报纸等），也包括新媒体渠道（如互联网、社交媒体、移动应用等）。通过多元化的渠道，科普内容可以更广泛地传播给不同领域的受众，提高科普的覆盖面。纵到底指的是科普资源传播的深度，即通过各种渠道深入各个层次的人群中。除了针对大众的科普内容，还应该针对不同年龄、职业、兴趣的人群制作有针对性的科普内容。全覆盖意味着科普资源传播应该覆盖各个地域，不仅限于城市或发达地区，也应该延伸到农村或欠发达地区。通过创新渠道，将科普内容传播到更广泛的地域，提高科学知识的普及率和应用水平。为此需采取一系列措施。

一是合作与联动。通过与各类媒体、机构和企业等合作，共同推动科普内容的传播。建立科技资源科普化机制，加强科技创新主体开展科普的政策保障。推动传统媒体与新媒体的深度融合，发展科幻产业，增强科技馆等科普基础设施建设和服务能力。强化基层科普能力提升。加强科普资源传播人才的培养和管理，大力发展专职科普人才，推动科技教师和科技辅导员队伍建设及加强科技志愿者队伍建设，实施"科普中国"创作出版扶持计划，聚拢科技工作者和优质科普团队，建设一支具备专业素养和创新精神的科普资源传播队伍，提高科普资源传播的质量和水平。加强国际交流与合作，提升科普资源传播的国际影响力。

二是数字化转型。利用现代信息技术，如大数据、云计算、人工智能等，推动科普资源传播的数字化转型。这包括数字化内容的制作与分发、数字化平台的搭建与运营等。例如，"天宫二号"发射时，腾讯新闻自制的虚拟现实互动产品"了不起的航天梦——首个中国航天虚拟现实展馆"，运用计算机图形学

（computer graphics，CG）、3D 建模、裸眼全景和虚拟现实等技术，展示了 20 张八大行星全景图片与 6 张航天展馆全景图片，并通过创作"天宫二号"科普动画短视频，用直观的视觉画面和沉浸式的观看体验，将抽象、复杂的航天知识简化，帮助受众更好地理解和接受。借助虚拟现实、增强现实等现代技术，我们能让科普内容的视觉呈现更逼真、感官体验更丰富，同时还能加强交互。此外，云计算、大数据等技术的运用，能让科普内容的创作和服务更加精准化（彭佳倩和曹三省，2022）。

三是精准定位与推送。利用数据分析和技术手段，对受众进行精准定位和分类，了解他们的需求和兴趣。在此基础上，推送有针对性的科普内容，提高传播的精准度和效果。生成式人工智能在科普资源传播领域发挥着日益重要的作用。生成式人工智能技术可以根据不同受众的兴趣、背景和需求，生成具有针对性的科普内容。这不仅提高了内容的质量和吸引力，也增加了受众的接受度和参与度。通过实时互动与反馈，科普内容能够更好地适应受众需求，实现精准传播。生成式人工智能技术还可以将科普内容融入增强现实和虚拟现实的元素，提供沉浸式的科普体验。这种方式能够吸引受众的兴趣，使他们更加深入地了解和掌握科学知识。数据驱动的精准推送和自动化内容生成也大大提高了科普资源传播的效率与效果。借助社交媒体的普及和影响力，生成式人工智能技术生成的科普内容能够迅速传播到广泛的受众中，推动科学知识的普及和应用。

二、科普资源推广效果评估与应用

（一）科普资源推广效果评估指标体系构建

科普资源推广效果评估应包含科普内容质量、传播渠道、受众反馈、社会影响力、内容持续性等方面（邵华胜和郑念，2022）。

一是科普内容质量评估。这是衡量科普资源推广效果的首要指标。科普内容的质量直接影响受众的接受度和科普的最终效果。在进行科普内容质量评估时，应着重考察科普内容的科学性、准确性、易懂性、吸引力。科学性确保信息真实可靠，准确性保障信息无误，易懂性让信息易于被广泛理解，趣味性则提高内容的吸引力，增加受众的参与度。此外，语言的通俗易懂也是重要影响因素，这影响着科普内容能否跨越知识背景的障碍，被更广泛的受众所接受。

二是传播渠道评估。传播渠道的多样性和广泛性对于科普资源的触及效果至关重要。在评估传播渠道时，需要考虑是否综合运用了电视、广播、互联网、社交媒体等多种媒介和平台。同时，也应评估这些渠道的覆盖范围是否广泛，受众群体是否与科普资源的目标定位相匹配。一个有效的传播渠道策略能够确保科普信息到达预期的目标受众，并在受众中产生共鸣。

三是受众反馈评估。受众的反馈是评估科普效果的直接来源。通过调查问卷、访谈、社交媒体互动等手段，收集受众的意见和建议，可以深入了解他们对科普内容的兴趣、满意度与具体的反馈。这些反馈对于理解受众的需求、调整和优化科普内容至关重要，有助于提升科普工作的针对性和有效性。

四是社会影响力评估。科普资源的社会影响力是衡量科普效果的另一个重要维度。科普工作的长远目标是通过提升公众的科学素质，增强公众的科学意识，进而促进社会文明和科技进步。因此，在评估科普效果时，不仅要看科普资源在教育和启发个体方面的作用，还要考察其对社会整体科学素质提升的贡献。这包括科普资源在促进公众理解科学、鼓励科学探索，以及在社会中形成科学思维模式方面的影响。

五是内容持续性评估。随着科学技术的不断发展和进步，科普资源也需要不断更新和升级。评估科普资源的持续性和更新情况时，应注重科普内容是否具有时效性和价值性，是否能够及时更新和升级，以及更新和升级的频率与周期等方面。同时，也要考虑科普资源的可持续性和长期效益（赵玉龙等，2022；龙金晶和徐扬，2019）。

（二）科普资源推广效果评估的工具手段简介

科普资源推广效果评估的工具、方式与策略是确保科普工作有效性的重要环节。为了科学、客观地评估科普资源推广效果，需要采用多种工具、方式，以便全面了解受众的需求和反馈，为科普工作的改进和发展提供有力支持。

在方法方面，可以选择调查问卷、访谈、网络分析、案例研究和专家评估等（阮佳萍和王娅明，2023；张增一等，2023）。这些方法各有特点，需要根据评估目标和受众特点进行选择。例如，调查问卷适合大规模的受众调查，可以获取受众对科普资源的认知和接受程度；访谈和案例研究则可以深入了解受众的需求和反馈，为科普资源的改进提供依据；网络分析可以监测科普资源的传播情况，了解受众的行为和兴趣；专家评估则可以从专业角度对科普资源的推广效果进行评估，提供有价值的建议（杨玲等，2021）。传统的调查问卷、访谈等手段可以与新型技术相结合，如利用生成式人工智能技术自动生成问卷、分析受访者回答等，从而大幅提高评估效率。同时，网络分析工具也可以进一步升级，利用大数据和人工智能技术对科普资源的传播数据进行深度挖掘与分析，以更全面、精准地了解受众的行为和兴趣。

在方式上，可以采用定性和定量相结合的方法。

定性评估。定性评估侧重于理解和解释受众对科普资源的认知、态度与行为模式。通过深度访谈、焦点小组讨论、案例研究等方法，可以收集受众的直接反馈和意见，揭示他们对科普内容的深层次感受和需求。这种方法有助于识别科普资源在受众心中的真实印象，了解其在受众群体中的接受度和影响力，从而为科普内容的优化提供直接的指导。

定量评估。定量评估侧重于通过数据分析和统计方法来衡量科普资源的传播效果，包括但不限于受众规模的统计、传播范围的量化、受众行为的模式识别等。利用问卷调查、网站流量分析、社交媒体分析工具等，可以收集大量的数据，通过统计分析得到科普资源传播的具体效果，如受众的参与度、内容的分享率、受众的留存率等关键指标。

定性评估与定量评估的结合。将定性评估的深入见解与定量评估的精确数据相结合，可以提供一个全面的评估视角（章梅芳等，2022）。定性评估可以提供对受众反馈的深入理解，定量评估则可以验证这些见解的普遍性和趋势性。例如，定性评估可能揭示受众对某个科普主题的强烈兴趣，定量评估则可以展示这一兴趣在更广泛受众中的分布和强度。

生成式人工智能技术的应用。随着技术的发展，生成式人工智能技术在科普资源评估中扮演着越来越重要的角色。这种技术能够自动分析和分类大量的科普内容，快速识别受众的兴趣点和需求。通过机器学习算法，人工智能可以预测受众对特定科普内容的反应，从而为内容创作者提供实时反馈和优化建议。此外，人工智能还可以辅助进行内容推荐，根据受众的历史行为和偏好，推荐最有可能引起兴趣的科普资源。

总之，在评估的过程中，注意对评估过程本身也需要不断地优化和调整。随着科普资源的不断更新和受众需求的变化，评估方法和指标也应随之更新。利用反馈循环，评估结果可以用于指导科普资源的创作和传播策略，形成一个持续改进的过程。通过科学、适当、深度的评估方法，科普资源的推广效果可以得到更为精确和全面的衡量，从而为科普工作提供坚实的数据支持和决策依据，推动科普资源的有效传播和长远发展。

理解·反思·探究

通过简要介绍科普资源传播与推广的若干要求、媒介渠道、推广策略与评估应用，建议进一步思考以下问题。

1. 通过最新文献检索当前科学传播前沿理论思潮，对我国科普资源传播与推广有哪些创新思路？

2. 在 AIGC 智能媒体新时代，针对科普资源传播与推广的媒介平台，有哪些革命性的变化？新一代青年学生有哪些创新创业机会？

本章参考文献

柏坤，贾宝余. 2023. 科学普及"一体两翼"的平台实践与探索——以"科创中国-院士开讲"为例. 中国科学院院刊，38（11）：1740-1748.

陈维超，周楊羚. 2023. 我国科普期刊抖音短视频传播效果影响因素实证研究——以中国优秀科普期刊为例. 中国科技期刊研究，34（12）：1616-1622.

胡利娟. 2021. 我国规模最大的沉浸式航天科普馆今天开门迎客. http://www.kepu.gov.cn/museum/2021-04/21/content_1759250.htm[2024-01-12].

黄少胥，葛航铭，丁奎岭. 2023. 加强高质量化学科学普及 服务高水平科技自立自强. 科普研究，18（5）：74-79，116.

龙金晶，徐扬. 2019. 中国流动科技馆可持续发展效果评估与分析. 科技管理研究，39（16）：58-63.

马爱平. 2021-08-13. 在信息时代脱颖而出 优质科普需借力新传播手段，科技日报（05）.

彭佳倩，曹三省. 2022. 以人为本的创新与融合：新媒体时代下的科普创作与传播. 科普创作评论，2（1）：5-11.

人民网. 2023. 安徽省科技馆新馆开馆 建有全国首个量子科技主题展厅. https://ah.people.com.cn/GB/n2/2023/1123/c227131-40652180.html[2025-03-07].

阮佳萍，王娅明. 2023. 博物馆地学科普课程效果评估研究——以"冰河时代"课程为例. 中国博物馆，（5）：95-100.

邵华胜，郑念. 2022. 我国科普评估研究的发展与展望. 科普研究，17（5）：40-46，102-103.

石硕. 2018. 当前科学普及工作发展特征分析与未来展望. 科学通报，63（15）：1421-1425.

宋军彦，李丹. 2018. 媒体融合视域下科普知识有效传播模式探析——以"果壳网"为例. 新闻研究导刊，9（20）：8-10，128.

吴春明，朱镇，杨程. 2022. 内容可视化方法对科普效果影响的比较研究——以中学生地学科普为例. 科普研究，17（4）：16-22，101.

新华社. 2023a. 全民营养周：老年人如何才能吃出健康. https://baijiahao.baidu.com/s?id=1766415538416805246&wfr=spider&for=pc［2025-04-21］.

新华社. 2023b. 中关村科服和果壳携手推出"中关村硬科普平台"服务科技创新服务社会公众. https://www.xinhua.net/fortuno/2023-05/30c_1212153623.htm［2025-04-21］.

新华网. 2023. 抖音推出"开学公开课"系列知识直播，10余位院士领衔开讲. http://www.xinhuanet.com/tech/20230830/6580822d552d468c95126d9917521495/c.html［2024-01-12］.

杨慧民，陈锦萍. 2022. 网络意见领袖建构网络意识形态的逻辑理路及其应用. 理论导刊，（4）：53-58，78.

杨玲，汤书昆，齐培潇. 2021. 基于扎根理论的中国高校科普服务评估指标研究. 科普研究，16（5）：76-84，103.

叶雪莹，朱文涛. 2019. 国产科普影像《美丽化学》视觉叙事分析. 电影文学，（3）：59-61.

喻思南. 2023-10-12. 以高质量科普厚植科技创新沃土（人民时评）. 人民日报（05）.

张明伟. 2023-06-28. 如何推动科普高质量发展. 中国科学报（01）.

张增一，贾萍萍，王丽慧，等. 2023. 省级（域）科普工作评估的核心指标——基于访谈资料的质性分析. 科普研究，18（2）：19-28，63，110-111.

章梅芳，陈笑钰，岳丽媛，等. 2022. 中国科技类博物馆运行机制探索——基于我国科技类博物馆发展基本情况调查的结果分析. 科普研究，17（1）：33-41，51，101.

赵玉龙，鞠思婷，郭进京，等. 2022. 发达国家科学传播政策分析以及对我国的启示. 科普研究，17（3）：72-82，104，109.

周荣庭，武伟，梁琰. 2017. 信息化教学模式下科学数字教材智能化创新与实践探索——以美丽化学为例. 科技与出版，（11）：20-23.

Besley J C，O'Hara K，Dudo A. 2019. Strategic science communication as planned behavior：understanding scientists' willingness to choose specific tactics. PLoS One，14：e0224039.

Davies S，McCallie E，Simonsson E，et al. 2009. Discussing dialogue：perspectives on the value of science dialogue events that do not inform policy［J］. Public Understanding of Science，18（3）：338-353.

Quest Mobile. 2023. Quest Mobile 2023 全景生态流量半年报告：用户12.13亿，小程序入口稳固、抖音小程序崛起，智能设备成第二增长曲线. https://mp.weixin.qq.com/s/jb6DL1lXs8A2tba8SdOz Gg［2024-01-13］.